HOW TO
TASTE

調味 學

25   20   15   10   5   ml

HO

BECKY SELENGUT

The Curious Cook's Handbook to Seasoning and Balance
from Umami to Acid and Beyond—with Recipe

W TO

5 g

TASTE

調味學

玩轉基本六味「鹹、酸、甜、油、苦、鮮」，

掌握調味、口味與風味的根本，解鎖你從沒想過的隱藏版料理密技

貝琪‧瑟林加特 ——著 鍾慧元——譯

國家圖書館出版品預行編目(CIP)資料

調味學：玩轉基本六味「鹹、酸、甜、油、苦、
鮮」，掌握調味、口味與風味的根本，解鎖你
從沒想過的隱藏版料理密技 / 貝琪‧瑟林加特
(Becky Selengut)著；鍾慧元譯. -- 一版. -- 臺北市
：臉譜，城邦文化出版：家庭傳媒城邦分公司發行，
2020.01
面；公分. --
譯自：How to taste : the curious cook's handbook to
seasoning and balance, from umami to acid and beyond-
-with recipes
ISBN 978-986-235-802-3(平裝)
1.調味品 2.烹飪
427.61   108020120

城邦讀書花園
www.cite.com.tw

生活風格 FJ1066

調味學

玩轉基本六味「鹹、酸、甜、油、苦、鮮」，掌握調味、口
味與風味的根本，解鎖你從沒想過的隱藏版料理密技

How to Taste: The Curious Cook's Handbook to Seasoning and
Balance, from Umami to Acid and Beyond--with Recipes

作　　者｜貝琪‧瑟林加特（Becky Selengut）
譯　　者｜鍾慧元
編輯總監｜劉麗真
責任編輯｜許舒涵
行銷企畫｜陳彩玉、陳紫晴、薛綸
封面設計｜廖韡
內頁排版｜極翔企業有限公司

發 行 人｜何飛鵬
事業群總經理｜謝至平
出　　版｜臉譜出版
　　　　　城邦文化事業股份有限公司
　　　　　115台北市南港區昆陽街16號4樓
　　　　　電話：886-2-25000888　傳真：886-2-25001951
發　　行｜英屬蓋曼群島商家庭傳媒股份有限公司城邦分公司
　　　　　地址：115台北市南港區昆陽街16號8樓
　　　　　客服專線：(02) 2500-7718 ｜ 2500-7719
　　　　　24小時傳真專線：(02) 2500-1990 ｜ 2500-1991
　　　　　服務時間：週一至週五09:30-12:00 ｜ 13:30-17:00
　　　　　劃撥帳號：19863813　　戶名：書虫股份有限公司
　　　　　讀者服務信箱：service@readingclub.com.tw
　　　　　城邦網址：http://www.cite.com.tw
香港發行所｜城邦（香港）出版集團有限公司
　　　　　地址：香港九龍土瓜灣土瓜灣道86號順聯工業
　　　　　　　　大廈6樓A室
　　　　　電話：852-2508-6231　傳真：852-2578-9337
馬新發行所｜城邦（馬新）出版集團
　　　　　【Cite (M) Sdn. Bhd. (458372U)】
　　　　　地址：41, Jalan Radin Anum, Bandar Baru Sr
　　　　　　　　Petaling, 57000 Kuala Lumpur, Malaysia.
　　　　　電話：+6(03) 90578822
　　　　　傳真：+6(03) 90576622
　　　　　電郵：services@cite.my
初版一刷｜2020年1月
初版五刷｜2024年6月

ISBN 978-986-235-802-3
定價｜340元

（本書如有缺頁、破損、倒裝，請寄回更換）

獻給艾波——
我不該懷疑你擁有超敏味覺的……

食譜列表

推薦序

只要乖乖照著好食譜做菜，你也會是好廚師。採買正確的食材、按步驟量、切、剁、磨、組合、加熱、判斷熟度——到頭來，應該就能創造出與食譜作者心中所想相去不遠的菜餚。

但若想當很厲害的廚師呢？很厲害的廚師不是只照著食譜做菜而已；他們了解各種風味，也知道該如何平衡風味。如果湯裡的玉米太甜，他們知道只要擠一點萊姆汁進去就能讓湯不至過度甜膩。如果中東茄子芝麻沾醬裡的茄子會苦，他們知道只要多加一點點鹽就能中和苦味。如果法式白醬燉肉需要稍微提味，他們會撒下大把蒔蘿；如果馬鈴薯的味道需要再重一點，他們就會磨些格拉那乳酪（Grana）進去。很厲害的廚師會知道該怎麼拿捏味道。

貝琪就是這樣一位厲害的廚師。2001年我在「香草農場」餐廳（Herbfarm）當主廚的時候雇用了她，那餐廳有點像座美國西北地區時令食材與烹飪香草的聖殿。她直覺敏銳、思慮周到，而且風趣幽默，跟她共事很享受。現在的她已經是功成名就的主廚，她做的菜總是迸發鮮明的風味。但同時她也非常善於表達，透過寫作與教學，傳遞出她對烹飪的熱情。

貝琪第一次跟我提起這本書的成書構想時，我覺得實在太讚了。坊間有這麼多關於食物與烹飪的著作——數以百萬計的食譜、一本又一本的烹飪技法、還有很多講食物科學的書籍，

卻幾乎沒有能稱得上「風味理論」的著述。本書解釋了如何辨識、營造、平衡風味，以及如何利用風味挽救一道不平衡的菜餚。這可不是簡單的任務，但透過她在烹飪教學方面多年的經驗，她會說風味的語言，能啟發學生、讓他們成為更厲害的廚師。

貝琪已將她最初所設定的目標漂亮達成了。在這本書中，她詳細列出風味的組成元素——從甜、苦、油、鮮到香不一而足——而且清楚、翔實又聰明地解釋了這些風味在菜餚中所發揮的作用。就算我甩鍋已經甩了40年，在讀過這本書之後，也不免開始從新角度來思考風味這回事，而且無庸置疑，這本書一定會讓我變成更厲害的廚師。

——傑瑞‧特勞費德（Jerry Traunfeld），
詹姆斯比爾得獎獲獎主廚、
華盛頓州西雅圖罌粟餐廳與獅子頭餐廳經營人、
《香草農場料理書》與《香草廚房》的作者

前言

「適當調味」四個字，是食譜作者逃避責任的極致表現。你做的菜味道不好嗎？喔，那一定是沒有適當調味！畢竟，我們這些食譜作家是很實際的，我們知道大部分的家庭掌廚人都會調整材料和做法，就看手邊有什麼、平常多有創意或多懶。「適當調味」實在很模糊，足以迴避一大堆問題。食譜一旦離開了作者的手，不同牌子的高湯、產製過程各異的天然鹽、可以替代的材料、還有測量不夠精準，都能把食譜的擺錘晃到脫序失衡、甚至飛出去。舉例來說，如果你決定省略我要求要加的續隨子（caper），因為你剛好覺得那是噁心的綠色顆粒，那麼這道食譜就會失去大量鹹味，更別提還會少掉一些酸味和鮮味。缺了這些鹹味，就代表這道菜已經不再稱得上調味適當了。

調味遠不只是用鹽而已，若是被「適當調味」這用語給困住，覺得明明已經加了足夠的鹽、菜餚味道卻還是不對，那就真的會進退維谷。大部分的人很清楚自己做的菜好不好吃，但很少有人清楚箇中道理。如果你曾做過災難般的恐怖晚餐，搞不懂到底「適當」調味是什麼意思、又完全不明白是哪裡要命的出了錯，那這本書就是為你寫的。

我太太艾波在廚房裡有一項特殊專長，名為「喔，該死！」因為她每次試圖下廚，我就會聽到這句話的聲波彈到牆壁、反射並傳上樓梯井。這本書是為她而寫，但也是為你而寫。就算

你沒有她這種專長、大多時候調味得也還不錯，這本書也有助釐清自己成功與失敗的原因，並讓你愈來愈靠近光譜上成功那一端。

20多年的職業生涯中，我大部分時間都在教學生如何品嘗味道、好好幫自己做的菜調味。我發現當學生不確定自己的食物到底哪裡不對勁時，其實在他們描述問題的當下所用到的語詞和肢體語言，就已經暗示了解決辦法，只是他們自己並不知道。也有些時候，只要稍加提點，他們就會用上跟大家頗為一致的形容詞和手勢。當一道菜需要多加點鹽的時候，他們會說「味道不夠」、「胡蘿蔔濃湯嘗起來不夠胡蘿蔔」、「感覺剛入口的時候有一點味道，然後（比出往下的手勢）就沒味道了」。如果他們講話時還聳了一下肩膀，或只是用英語發出了漠然、不感興趣的「咩」（meh）聲──噢，那一定是鹹味的問題。然而，我還是看到有那麼多人在鹹味出問題時使花招百出，還以為一定能用一把牛至草和煙燻紅椒粉解決問題。

如果這道菜需要加點酸味（比如醋或柑橘類），我的學生就會雙手垂在腰部下方，說些像是「感覺有點扁平」、「嘗起來土味很重」、「感覺沒有生氣而且很沉重」，或是「不夠活潑、有點無趣」的話。這些全都可說明味道缺乏適當酸度，也就是酸味。他們隱約知道問題出在哪裡，卻沒有解鎖金鑰為自己的判斷找到出路。

我並非專業烘焙師，所以這本書對烘焙可能發生的問題只會點到為止，不過我推薦了幾本關於揉麵與烘焙科學原理的好書（請見第222頁的文獻出處，該頁列了幾本我最喜歡的書）。此外，我也不是保健專家，所以這不是本介紹哪些食材有益健康、哪些又對健康不好的指南，不過我倒是有可能不時跳出來對某些主題說個兩句，因為實在忍不住。

食譜說要「適當調味」，其實根本沒告訴你該「怎麼」個「調」法——本書的遠大目標便是填補此缺口。一旦知道味道不對勁時最常見的禍首是誰，就能省掉很多亂槍打鳥、瞎忙一通的時間；你會開始像主廚一樣思考。有些人天生就知道怎麼調味——這樣的人既少又不常見，而且可能比你我都有更多米其林星星；其他人則需要指導才會進步。沒關係，我幫你。

如何使用本書

你當然可以一章一章跳著看，但我還是建議從頭開始，因為我的規畫是要一點一點慢慢替讀者把觀念建立起來。在讀其他章節之前，至少要先把第一章的基礎原則全部看完。你問為什麼？因為老實說，如果你不先讀那部分，那本書裡、或你未來的人生裡，就沒有什麼事情是有道理可循的了。會不會說得太誇張了？可能吧，但話說回來，還是請你先讀第一章。

等打好基礎之後，其他章節也會稍微重複某些要點，這樣能強化對核心觀念的掌握。**食譜**部分能凸顯每一章的重點概念。**實驗時間**旨在協助你發展自己的味覺。在這些有步驟指導的實驗中，基本上我就是在與你一起實驗和做菜，我會要求你仔細思考某些問題，並寫在筆記本裡。然後你就可以小小作弊、直接看答案。偶爾，也會出現**漫畫貝琪**，點出一些重要課題或書呆子冷知識。爆雷警告：漫畫的我比本人酷多了。最後，**趣味小知識**會出現在章節各處，揭露出我在味道與風味世界中所發現的趣聞軼事。

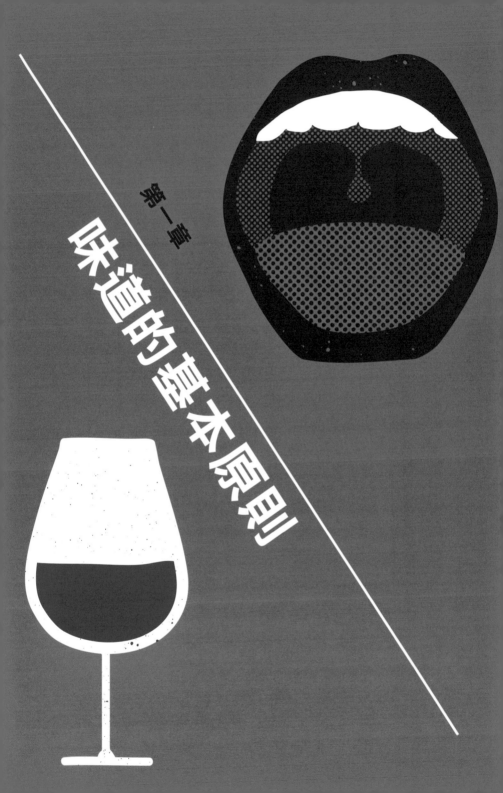

第一章

味道的基本原則

你嘗到東西滋味為何，取決於許多因素，包括了你的年紀、遺傳、生長背景與文化（如果你是吃北歐傳統的鹹漬魚長大的，可能就無法理解為什麼別人都覺得很噁心）、服用的藥物、是否抽菸、是不是常常上館子（受得了比較鹹的食物）、是否常吃加工食品（受得了相當鹹的食物），當然其他還有很多——這個相對來說還算年輕的科學領域雖尚未了解、但遲早也會搞懂的。味覺的世界很主觀，一個人品嘗某道菜所經歷的體驗，未必會和別人相同。也就是說，包括你自己在內，沒有人能夠質疑你到底嘗到了些什麼。

　　儘管每個人的品嘗經驗都是獨特的，但主廚界還是有一套共通語言用以描述一道菜需要什麼、又該如何把菜變得更美味可口。這種共通語彙存在於變化多端的味道世界裡，而科學家也確認這個世界中有「味覺超敏者」（supertaster）的存在，也就是味蕾密度比一般人高許多、因此可說味覺更敏銳的人。他們約占總人口的25%。絕妙好書《味覺獵人：舌尖上的科學與美食癡迷症指南》（*Taste What You're Missing*，繁體中文版由漫遊者文化出版）的作者芭柏‧史塔基（Barb Stuckey）說他們是「敏感味覺者」；我同意她的看法，因為一個人被自己品嘗的東西搞得難以招架（例如注意到葡萄酒中可能存在的諸多不完美）實在沒什麼好用「超敏」來說嘴的。我太太艾波是受過專業訓練的侍酒師，也是敏感味覺（或味覺超敏）者。有一次我給了她一片芒果，結果她差點吐出來：「這味道像**墳墓上的泥土**。」你可能會納悶，怎麼有人知道墳墓上的泥土是什麼味道（不要

問，很可怕），但你懂我的意思吧：身為味覺超敏者實在沒什麼值得羨慕的。大部分的人——約占總人口50%——是「普通味覺者」；另外25%的人可以算是「寬容味覺者」（他們的味蕾密度最低）。儘管在味覺敏銳度和舌頭的生理方面有這些先天差異，每個人都還是可能學會如何更聰明地品嘗一道菜的滋味，同時藉由聰明地品嘗，學會如何讓自己做的料理更美味。

品嘗者身分：主廚對侍酒師

當我用丙硫氧嘧啶（PROP，詳見第9頁）試紙測試在當主廚的朋友時，我發現他們全都是普通味覺者——挑剔的味覺超敏／敏感味覺者很可能沒興趣從事餐飲相關行業。但街頭流言則說，有許多葡萄酒專家都是味覺超敏／敏感味覺者，能輕鬆發現葡萄酒中的不平衡之處，並為顧客挑選出精釀美酒。我只測試了兩位侍酒師：我太太，她是敏感味覺者；還有我朋友克里斯，他的味覺普通。

就像葡萄酒專家學會了如何辨識出玻璃杯內飲品的細微差異（在我們其他人聽來，那種細微是「我鼻子聞到蘆筍，味覺上則嘗到鉛和鵝莓」——就算根本就不是他們說的那樣），家庭掌廚人也可以藉由專注、重複實踐和實驗，區辨出味道與風味的調性。大部分人都不曾像接受盲嗅測試那樣，在非常單純的空氣中呼吸、試圖辨識出某種隱約的香料味（我有一次曾在家裡的深夜挑戰賽中，費盡千辛萬苦才說出揮舞在我鼻子底下的東西是香菜），但我堅信，只要夠專注和努力，任何人都可以從美食土包子變成搖滾巨星。話雖如此，如果你在第一輪挑戰賽

中就能猜對香料，這絕對是很棒的派對餘興表演。

這本書討論的是食物，但微調過你的感官辨識力之後，能讓生活上的許多層面變得更豐富。好幾年前我在林中散步時，現在回想當時的自己大概只認得那裡的一、兩棵樹，還有少數的幾種植物。我當然很喜歡森林，會停下來摘摘越橘莓，或聞聞野花香，但我也會直直走過這些植物旁，心裡一直想著還有什麼事情沒做完、只顧著沉浸在自己的思緒裡。我朋友蘇珊是森林生態學家，早春的某一天，她帶我去健行，還走不到500公尺，她已經教我認了至少5種不同的樹和20種植物。她要我揉碎印第安李樹（Indian plum）的葉子，拿近鼻子聞聞看。當那股香氣衝擊我鼻腔後方的嗅覺細胞時，我的大腦傳了非常清楚的訊息給嘴巴，「大黃瓜！」我說，稍微大聲了點，她露出了然於心的笑容。後來我再去森林裡散步的時候，森林立刻抓住我的注意力，整個鮮活了起來，以我從未感受過的模樣展現在我面前。我的注意力立刻來到當下，整個人沉浸其中。心理學將這種狀態稱為「心流」，也可說是「渾然忘我」。那是當你全心投入某種活動、覺得興致勃勃、非常積極且無比專心的狀態。從此以後，我的林間散步再也不一樣了。

一旦你開始像大部分主廚一樣熱切、刻意地品嘗食物，就會注意到自己和食物之間的感覺連結變得更深刻，而且——我們不要講得太佛系——還會把你和當下牽繫起來、讓你稍稍忘了做菜的辛苦，並籠罩在一層寧靜的思緒中，那種感受就像餐盤上並非刻意為之、卻令人欣喜的配菜。

但若想達到「靜定美食之佛」的狀態，還是必須先從基本功開始做起。在接下來的六章裡，我們會先討論科學家所謂的「基本味」：鹹、酸、甜、油脂、苦和鮮[1,2]。味道（taste）和風

味（flavor）是有區別的，味道源自舌頭和嘴裡（還有身體其他部位）的味蕾。再往下三章，我們會討論香（香草與香料）、辣（辣椒、胡椒）和質地（脆、澀）。最後兩章會探討一些額外的主題：顏色、酒類、溫度、聲音，還有同桌用餐的夥伴。總的來說，這12章就代表我所認為一道菜裡最重要的要素。為了釐清這些要素，我研讀了現下在味道與風味方面的研究，但更多是靠自己的經驗：我會思考在創作一道風味平衡、令人滿意的菜餚時，所採取的程序為何。吃到風味絕佳的料理時，我不時會根據本書明列的10大要點來逆向推導，幾乎每次都能發現大多要素現蹤並作用其中，彼此之間還達到完美平衡。一流的料理會考慮到絕大部分（甚至是所有）的要素，而三流廚藝通常相反。

趣味小知識 你知道我們的腸道裡也有敏銳的味覺嗎？可嘗到基本味的味覺受器——更精確來說，是化學受器——在我們的腸道和肺裡也有。另外，各位男性讀者聽好了，本世紀最精采的冷知識來了：你的睪丸裡也有。

嚴格來說，「風味」指的是我們察覺到的基本味，再加上質

---

1. 《化學感官》期刊引用了普渡大學在2015年所做的研究，這項研究發現，受試對象可以輕鬆區分油脂與其他幾種基本味覺的差異，是可辨識的第六種味覺。*Oleo* 一詞是拉丁詞源，意指油油的或肥膩的，而 *gustus* 指的是味道。Cordelia A. Running, Bruce A. Craig, Richard D. Mattes, "Oleogustus: The Unique Taste of Fat," *Chemical Senses*, 40, no 7 (2015): 507–516, doi: 10.1093/chemse/bjv036.

2. 在阿育吠陀醫學中，6種可辨識的味覺是：甘、酸、鹹、苦、辛（類似我所謂的「刺激性」，包括洋蔥、辣椒、大蒜、丁香和芥末）以及澀（比方說葡萄皮與茶中出現的單寧）。www.chopra.com/articles/the-6-tastes-of-ayurveda#sm.000kabngu12h7ehewtdlxlcq8mw4n

地、痛感和香氣。事實上，許多科學家的理論是，食物的風味應該大部分跟嗅覺系統有關，而不只是透過味覺受器的感受而已。目前尚未有研究能確切證明這項理論，但據說，當你鼻子不通的時候，食物似乎真的就沒那麼好吃了。

在一個冷冷的冬日下午，我和兄弟姊妹們把奶奶逗得哈哈大笑，結果害她的鼻子變成了熱巧克力噴泉，如果那天你和我們一起坐在桌邊同樂，一定也會同意，在碰上呼吸和進食的問題時，能有個備用系統（redundant system）可能最為理想。當時才六歲、根本沒有理由相信鼻子和嘴巴裡面相連的我，還以為奶奶秀了一手超厲害的魔術。巧克力從她的嘴巴進去然後從鼻子出來——怎麼辦到的？

後來我才知道，這種備用系統正是人體有趣之處。當我們把那杯熱巧克力放在鼻子下嗅聞時，巧克力釋放出揮發性的香氣，經由我們的鼻道（鼻前嗅覺）直衝嗅覺受器細胞，送出訊息（電信號）給大腦。該訊息會抵達大腦裡的嗅球，而嗅球直接連結到杏仁核和海馬迴，也就是情緒和記憶所在的兩個區域。所以假設你以前曾經聞過熱巧克力的氣味、早就已經建立了這個連結，那麼大腦就會啟動語言中樞，不用一眨眼的工夫，（如果你是我）就會說出「啊……這杯巧克力聞起來就跟奶奶那天從鼻子裡噴出來的一樣……」，類似這種話。而如果我們還有食欲喝它的話，就會舉起杯子啜飲，接下來，揮發性的香氣直衝我們口腔後方，再往上通過先前受到衝擊的同一批嗅覺細胞所在的鼻道（鼻後嗅覺）。我們的嘴裡也因而能「聞到」食物，不只有鼻子會聞到。有人可能主張我們的鼻後嗅覺嗅聞能力較佳，那或許是因為在咀嚼時切碎了食物，並順便加熱，食物便因此釋放出更多香氣。

趣味小知識 最近有一篇發表在《科學》雜誌上的研究，提出人類可辨識超過 1 兆種嗅覺刺激物 [3]。科學家現在相信，我們的嗅覺可能更勝眼睛和耳朵的感知力。簡單來說，那些專門養來尋找松露的豬可要當心了——原來人類的嗅覺比過去所認為的好太多了，而且理論上，不太可能不配義大利麵就直接把松露吞下肚。所以跟那些豬比，我們可說更有職場競爭力。

　　嗅覺和味覺是感覺、認知、記憶和情感相互連結而構成的迷人舞蹈。但到頭來，無論是來自口腔內或經由鼻腔所感受到的嗅覺，都是風味與愉悅感的重要推手。比方說，在聞到納豆（日本人常在早餐時配飯吃的發酵黃豆）的氣味時，有人的反應可能是純然的喜悅。但對那些不是吃納豆長大的人來說，納豆聞起來就像臭腳丫、藍紋乳酪和死亡氣息。

　　我們先稍微拆解一下嗅覺和味覺：如果我給你一顆椰子風味的雷根糖，請你描述味道，你八成會說「甜甜的」，或許還能正確辨識出是「椰子」（如果你以前吃過椰子，又能順利回憶起它的味道的話）。甜味是基本味，我們辨識它是透過味蕾上的甜味受器將訊息傳送到大腦。至於椰子味則是一種風味，大致是由嗅覺細胞告訴你的大腦，它認得這種風味——再跟你嘗到的味道結合；請注意：這比較不是你光靠品嘗而判斷出的結果。儘管科學家認為味道和風味完全是兩件事，但我在使用這兩個

---

3. C. Bushdid, M. O. Magnasco, L. B. Vosshall, A. Keller, "Humans Can Discriminate More than 1 Trillion Olfactory Stimuli," *Science*, 343, no 6177 (2014): 1370–2, doi: 10.1126/science.1249168

香氣是整個風味脈絡中非常重要的一部分，所以若是喪失了嗅覺（嗅覺喪失症），對主廚來說可能比少了一隻手還悲慘。

詞彙時，偶爾不會分得那麼清楚，因為我是主廚，不是食物科學家；而做菜這種事就跟語言一樣，有時不用那麼完美主義。如果你捏住鼻子、摒住呼吸，再吃吃看那顆雷根糖，極可能會辨識出它甜甜的、有嚼勁，其他就沒什麼好說的。如果一邊嚼一邊放開捏住鼻子的手，重新透過鼻子呼吸，就能啟動鼻前和鼻後嗅覺。突然之間，吃出來了：是椰子味。

味道 vs. 風味

六種基本味（鹹、酸、甜、油、苦、鮮）是在口腔中辨識出來的（還有溫度，也就是辣椒的「辣」；薄荷的「涼」；及質地——包括澀）。但風味的概念，則是把這些基本味與食物的特質再跟香氣及記憶結合起來，引導你的大腦去拼湊出一幅完整的「圖像」。

味覺受器

記不記得以前曾經學過，舌尖會嘗到甜味、舌頭後方是苦味、鹹味和酸味在兩側？你記得？非常好，現在把這些統統徹底忘掉。還有1960、70和80年代（甚至可能到90年代都是）時，每個小學老師都在用的舌頭教學圖也要忘掉。那張圖其實過度簡化了德國科學家大衛・哈尼格（David P. Hänig）在1901

年所做的實驗。拿片檸檬碰舌尖，你很快就會感受到檸檬的酸。各自專屬的味覺分區或許很適合製成淺顯易懂的資訊圖表，但事實上，整個舌頭都能嘗到這些味道。不過呢，舌尖部位的甜味受器確實較多；舌頭後方則是苦味受器較多；而舌頭中央區域的味蕾整體來說比較少（我會把這裡稱為味覺中段）[4]——這在判斷鹽加得夠不夠的時候特別重要（見第二章）。

　　你吃了一口食物以後，舌頭上會發生什麼狀況？以下是簡單的解釋：舌頭上的小顆粒（蕈狀乳突）藏有味蕾，每顆味蕾上約有50到150個味覺受器細胞。你在吃東西的時候，蛋白質受器會跟傳遞甜味、苦味、鮮味、可能還包括油脂味的小分子結合；至於鹹味和酸味，研究顯示信號是透過離子通道啟動的。大部分人都有約1萬個味蕾任憑差遣，而味蕾每10天左右會更新。隨著人的年紀漸增，有些味蕾也會跟著下臺一鞠躬，不會再恢復。事實上，這大約在40歲左右開始發生，也就是說，你到這個年紀可能就會希望自己的食物鹹一點，而本來覺得風味豐富的食物可能也會慢慢失去原先那股勁。不抽菸的話，可以減緩這種退化的速率，因為抽菸有礙品嘗味道的能力。不過整體來說，這還不至於令人絕望，各位中老年讀者朋友：至少嗅覺部分大可不必擔心。有項針對香水調配師的研究發現，他們大腦中的嗅覺相關部位會隨年紀增長而更加發達[5]。在這種「用進廢退」的訓練中，多多注意你嗅聞的東西，可能會讓你的感知能力隨年紀增長而愈來愈強。

4. "How Does Our Sense of Taste Work?" *PubMed Health*, August 17, 2016, https://www.ncbi.nlm.nih.gov/pubmedhealth/PMH0072592/.
5. Jean-Pierre Royet, Jane Plailly, Anne-Lise Saive, Alexandra Veyrac, Chantal Delon-Martin, "The Impact of Expertise in Olfaction," *Frontiers in Psychology,* 4, no 928 (2013), doi: 10.3389 /fpsyg.2013.00928.

味覺者的類別

實驗心理學家琳達・巴托薩克（Linda Bartoshuk）和同事在1990年代早期於耶魯大學做了幾個關於味蕾數量的實驗，也以實驗來測試自願受試者感知甲狀腺藥物中特定化學物質：丙硫氧嘧啶（6-n-propylthiouracil，即PROP）苦味的能力，之後他們就創造了「味覺超敏者」一詞。味覺超敏／敏感味覺是遺傳而來的，這類味覺者是比較敏感的食客，有時會覺得食物的味道太強烈。請記住，在味道與風味的世界裡，還有很多事情有待科學發掘，所以你若是因為對PROP沒什麼反應，而被歸類為寬容或普通味覺者的話，其實另外還存在20到30個類群的苦味受器未被前述研究納入考量。或許你沒有能偵測PROP的基因，但也許能偵測其他的苦味類群——只不過目前還沒有可供判斷的科學測試罷了。

下列方法可做為判斷味覺者類別的一般原則，但並不是可確定味覺能力的最終定論。關於人類的味覺敏感度，我們不知道的事情還多著呢。

方法1

購買PROP試紙（詳見第223頁）。網路上很容易買到，也不貴。直接把試紙放進嘴裡四處碰觸，如果沒什麼味道，你應該就是寬容味覺者；如果有非常輕微的苦味，那你應該是普通味覺者；如果苦到不行，那應該是味覺超敏／敏感味覺者。記得要吐出來。

方法2

一些藍色食用色素，還有活頁紙孔加強圈（那種貼在有孔活頁紙上、避免資料夾裡的活頁紙被扯下來的甜甜圈造型小貼

紙，記得那復古小物嗎？）然後拉個朋友來，按照下列步驟進行：

1 請朋友滴一滴藍色食用色素在你的舌尖上。
2 含一點水漱漱口，然後吐掉。
3 吞幾次口水讓口腔變乾。藍色色素應該會把你的舌頭染成藍色，但蕈狀乳突（你的味覺受器所在處）的顏色會比較淺（白白的或偏粉紅色）。
4 請朋友放一個加強圈在你的舌尖。
5 請朋友拍一張圈圈內區域的照片，要確定有對到焦。
6 放大照片，數數看有幾個明顯的大型味蕾。很小的就跳過。一般來說，如有30個以上的味蕾，可能就是味覺超敏／敏感味覺者；15到30個是普通味覺者；少於15個是寬容味覺者。
7 求你朋友把這張藍色小精靈舌頭照片刪掉，免得他們貼到社群媒體上，還笑你味覺遲鈍。

　　如果只有自己一個人，可以對著鏡子把藍色染料滴在舌頭上，自己擺活頁紙加強圈。最後，拍個50張全世界最詭異的自拍照（總有一張會對到焦吧）。

趣味小知識 知名學者巴托薩克因為研究味覺與嗅覺這兩種化學感覺而享譽國際，她以4000名美國人為對象進行研究，結果發現，在她的研究對象中，女性味覺超敏者占34%，男性則只占22%[6]。

方法3

　　這個方法純粹是傳說、也完全不科學，但很值得問問自己這些問題，想想自己可能會落在光譜上的哪裡。

1　你是不是覺得吃到的食物還滿不錯的，搞不清楚旁人為什麼這麼挑剔？如果非要挑的話，你是不是覺得食物的味道淡了點？你喜歡每道菜都多加一點鹽和辣椒醬嗎？你受得了葡萄柚汁、球芽甘藍和菊苣嗎？那你可能是寬容味覺者。如果你喜歡啤酒花味特別重的苦啤酒，或是從八歲就開始喝黑咖啡，那可能性就更高了。

2　你明明就是個容易開心的人，不喜歡吃的東西卻超多？如果用可去除苦味的特定方式烹煮或調味，你就願意吃球芽甘藍、菊苣和苦苣嗎？你在家按食譜做菜、或是在外面吃飯時，是不是多半都還算滿意，而且通常覺得食物風味很平衡，調味也很好？你剛開始喝咖啡的時候是不是都要加糖和奶精，後來才學會少加（或終於可完全不加）？那你比較可能是普通味覺者。

3　是不是大部分的蔬菜你都不喜歡，但比較甜的蔬菜（玉米、青豆、胡蘿蔔）就覺得還可以？是不是覺得咖啡、橄欖、黑巧克力和啤酒花味比較重的啤酒都令人難以忍受？身邊的人是不是總說你太難搞？你是不是老是吃一樣的東西，而且通常沒有嘗試新菜色的冒險精神？你是不是對辣椒很敏感，也

---

6. 並非所有民族「嘗」到的食物味道都是一樣的。北美洲的高加索人中，有30%的人嘗不出PROP的苦味，但日本人、中國人和西非人則只有3%嘗不出，同時也有將近40%的印度人嘗不到。不同族群之間為何會有這麼大的差異，科學家還沒有找到答案，但我覺得最耐人尋味的，是這點對這些族群在烹飪與材料或調味方面的選擇有什麼影響。Adam Drewnowskia, Susan Ahlstrom Hendersona, Amy Beth Shorea, Anne Barralt-Fornella, "Nontasters, Tasters and Supertasters of 6-n-Propylthiouracil (PROP) and Hedonic Response to Sweet," *Physiology and Behavior*, 62, no 3 (1997).

不喜歡香料味太重的食物？你有沒有發現自己在餐桌上常會往食物裡加鹽？（想知道自己為什麼這樣，請見第六章。）你很有可能是味覺超敏／敏感味覺者。很遺憾，對你來說，有時用餐體驗會令人難以忍受——就算菜餚或食物裡只有那麼點不平衡，你都受不了。希望能給你一點安慰：這不是你的錯（不過，多接觸不喜歡的食物——就算無法真心愛上——多少能讓接受度提高一些。）

品嘗味道的訣竅

我確定你一定看過或聽過葡萄酒專家怎麼品酒，他們會把酒含在嘴裡咕嚕嚕地漱來漱去，還把腮幫子往內吸。你有沒有想過，為什麼我們不教主廚和廚師用這個方式品嘗食物呢（異物可能跑進呼吸道的顧慮先撇開不說的話）？其實葡萄酒的世界有太多值得我們學習的事了，以下是我融入了某些品酒技巧的食物品嘗方式。

- 雖然不怎麼好看，但用舌頭把食物往上顎頂，同時呼氣，可以刺激鼻後嗅覺受器，讓你比較容易嘗到大部分的味道。

- 下次在嘗味道的時候不妨把眼睛閉起來。關閉一種感官（視覺）以專注在另外一種感官（味覺）上，這麼做有助於準確判斷食物裡缺少了什麼。

- 先確定鹽或其他食材（酸、香、油脂）已經和食物混合均勻，之後再嘗味道，不然可能會誤判這道菜還欠缺些什麼。在加鹽或卡宴辣椒（cayenne pepper）之類的東西調味時，這點特別重要。

- 大部分的人嘗到喜歡的東西時，會咕噥著發出「嗯～」聲。我仔細注意過自己品嘗東西時的反應，發現如果某道菜味道

不錯，但略為不平衡的時候，我會發出短促的「嗯」，並且一邊會皺起眉頭、語帶遲疑。如果你注意到自己有這種反應，要趕快把握！趁現在從大盤食物中取出一小份，然後（利用從這本書學到的知識）測試你的理論、讓料理變得更好吃——加少許的鹹、酸或香，或任何你覺得本來欠缺的東西，但我敢打賭是鹽。多加的這一點東西令食物嘗起來更美味了嗎？你的短促「嗯」，有變成拉長的「嗯～」了嗎？你是不是剛跟自己樂得擊掌了？有嗎？那就對了。接著調整比較大的那部分食物，然後住手。又或者，多加的那一點讓你眉頭皺得更厲害？連短聲「嗯」都沒有了？糟糕，那就不是你想的那樣了。另外取一小份樣本，再試一次。每次只測試書中的一種理論就好。

- 試吃很辣的食物時不但可能灼傷，那樣的辣度也可能讓你對風味的覺察力變鈍。先稍待一下，等辣度稍退，再好好研究正在品嘗的東西。

- 原本調味完美的食物，若是放到第二天從冰箱裡拿出來、在冰冷的狀態下吃味道就會變淡。試吃剩菜的時候，一定要在你打算上菜的溫度下試吃。如果試吃時的溫度不一樣，就無法準確判斷風味。若是最後必須改變上菜的溫度，調味可能就需要重新調整。

味道是主觀的

品味就跟音樂或藝術一樣主觀。某個人所不屑的「炭疽樂團」（Anthrax）或「暴動小貓」（Pussy Riot）可能是另一個人的心頭好。某個人的心頭好可能是果醬，但也可能有人痛恨果醬。他們都沒有錯。所以我們常說「人各有自己的品味」（不

過，討厭暴動小貓的人——行行好，這樂團很不錯啊）。儘管品味是主觀的，但若能了解音樂、藝術、食物背後的基本原則，你的體會與理解就會更豐富、也更有深度。即使是心中牢記這些原則的各行各業佼佼者，在創作中也常扭轉或打破原則。而往往就是在這種扭轉的過程中，真正的天才才會顯露出來。然而話又說回來，就算是這些天才，最先學會的可能也是該領域的核心規則，先從理解基礎開始，等到進了廚房，再來打破所有規則。

說到主觀，如果你曾經想過自己是不是「味道辨識錯誤」或被指責味覺不夠「好」，你永遠不需要為自己的感覺辯解什麼。最應該依賴的，就是你——而且只有你自己——所體驗到的事情。沒有任何書、科學家、或來自朋友們的同儕壓力，能強迫你去喜歡自己不喜歡的東西。話雖如此，你還真應該吃吃看納豆，這樣才能體會那到底有多臭。抱歉啦日本！我在其他100萬種方面是愛你的。

許多人都能做出一手好菜，這本書要協助你把好菜加碼變成真正頂級的佳餚。就這麼辦，往下讀下去吧。

五大線索教你辨識不值得花錢買的食譜書

1 讀了幾篇食譜之後，發現書裡沒有提到建議使用哪種鹽、或一直到食譜最後才說要加入鹽巴，那最好就要存疑。第二章會告訴你為什麼，因為就大部分的菜餚來說，鹽不但應該趁早加、而且還要常常加，而鹽量的多寡，會因為使用的是哪一種鹽而有非常大的差別。

2　某本食譜告訴你要按照油和酸3：1的比例製作油醋醬——第三章會告訴你為什麼一般來說這是不準確的。

3　某本書用鮮味來形容不含蛋白質的食物──第七章會告訴你為什麼想讓食物有鮮味就需要蛋白質。

4　書上告訴你只能使用粉狀香料，而且要直接加進以清水為基底的湯（不必烘烤、不必先浸在油或脂肪中），或者書中確實有食譜說要使用新鮮香草，但用量卻只有無關痛癢的一小匙。請讀第八章以了解香味的重要性。

5　翻到索引，看看有沒有焦糖化洋蔥這一條。如果有，直接翻到那一頁看做法。如果書上說製作時間不到十分鐘，那根本是癡人說夢，而且整本食譜書都不可信賴。第九章會告訴你為什麼（可參考我示範如何正確製作焦糖化洋蔥的影片，連結：http://bit.ly/2pytOrx）。

第二章

鹹

廚藝學校一年級的學生特別顯眼，原因很多，絕不只是因為那頂蠢蠢的白色紙帽。我從一哩外就能認出一年級學生的食譜。我知道，我也是過來人，犯過所有同樣的錯。

最明顯的就是他們好高騖遠──什麼都拿來亂試一通，而且是一口氣攪和在一起，就像小孩看到閃亮的新玩具那樣的興奮。廚藝學校一年級的學生會把馬鬱蘭油灑在盤子上，點出一滴一滴的甜菜泥、撒上烤布利歐麵包粉末、擺好鮭魚和生竹蟶、以乳化的魚露和蝸牛泡沫做最後點綴，然後往後一站，左顧右盼，想確定自己現在屈就於這間學校，完全只是為了學分，因為他們自認更有可能此時此刻從「頂尖主廚」比賽中脫穎而出。我開玩笑的，但也有點合乎事實。

他們雖然滿腔熱血，但卻本末倒置。只要嘗一口甜菜根泥，就知道它嚴重調味不足，而我在這裡說的「調味」，意思是加鹽（我的氣憤渲洩請見171頁）。另一方面，竹蟶上的鹽又太多了，搞得牠們在盤子上到處跑，想找到回大海的路是否就在附近。這就是企圖創造複雜的大菜，卻搞得整道菜不平衡、過度花俏、而且毫不協調。某些材料就是無法在料理中和平共處。這裡最重要的教訓──也是最難學到的一課：問題幾乎總是出在鹽，不過，解方通常也只需要鹽。

暫且不論優質、當季食材的話，想做出絕佳美食，鹽通常扮演著首要與壓軸的角色。其他的，無論是香草、香料或辣椒，都是加分用罷了。鹹味就是音響上的音量鈕，足以放大食材的精華，也能把滲透進胡蘿蔔、牛排或麵包的所有繁複風

味，都變得更加清晰。鹽量適當的菜餚嘗起來不會太鹹，反而更能展現風味本色。胡蘿蔔湯喝起來會更有胡蘿蔔味：更甜、也更微妙。鹽有助於食材發光發熱，若是小心拿捏分量、再耐心地品嘗味道，就會帶來很大的差異。而如果忽略了鹽的掌握與運用，那麼再精美的擺盤、原本可能令人驚豔的風味組合等，都會失敗得很難看。

那蝸牛泡沫料理呢？那個要做得好吃幾乎不可能啦。

鹽的基礎班

鹽是所謂的調味劑，本身並沒有任何風味，卻能帶出其他食材的風味（糖和味精也是調味劑）。鹽是一種非常重要的物質，讓人類的身體得以運作、驅動神經與肌肉發揮功能、調節細胞水分平衡。嚴重缺乏鹽分可能導致死亡，但大部分美國人的問題卻剛好相反。飲食中的鈉含量太高，跟高血壓和其他心血管疾病都有關係。但在你把廚房裡的鹽丟掉之前，請記得：美國人飲食中大部分的鹽（超過75%）是來自加工食品和餐廳料理[7]。做家常菜時加進足夠的鹽以展現風味、讓食物好吃又不至於太鹹，並不是前述問題的主因。

我的經驗是，好吃的家常菜更可能讓你覺得心滿意足、也能抑制渴望。《糖、脂肪、鹽：食品工業誘人上癮的三詭計》（*Salt Sugar Fat*，繁體中文版由八旗文化出版）一書的作者邁可・摩斯（Michael Moss）揭露了加工食品業的手法，指出「這個產業無度濫用的不只是鹽，還有糖和脂肪。三者是加工食品的棟樑，少了這三種東西就不會有加工食品。鹽、糖和

---

7. Sung Kyu Ha, "Dietary Salt Intake and Hypertension," *Electrolyte Blood Press*, 12, no 1 (2014): 7–18, doi: 10.5049/EBP.2014.12.1.7

脂肪令人想攝取的加工食品的魔力在於這三種東西可增添食物的風味和誘惑力。但令人驚訝的是，它們竟還能遮掩製造過程中產生的苦澀味，也讓這些食品能在倉庫裡或貨架上放個好幾個月。」只要增加酸度和甜味，就能改變你對加工食品中鹹味的感覺。換句話說，加工食品製造商會提高鹽、糖和脂肪的用量，製造出難以抗拒、很多人稱為令人上癮的味道。相反地，在家掌廚的你應該最不可能在自己做的料理中搗鬼，好讓家人對鹽、糖和脂肪上癮。在自家廚房裡，不太可能用自己做的菜玩加工食品業者的把戲。就我的觀察，大部分的家庭掌廚人其實都很怕用鹽，所以就會讓自己的料理嚴重調味不足。

鹹味和鮮味會互相幫襯，而鮮味這種美味的基本味就是使肉類、蘑菇和陳年乳酪令人難以抗拒的要素。當鹹味和鮮味碰在一起的時候，就會有一加一大於一之效（深入了解鮮味，請見第七章）。鹽有益於強化麩質（賦予麵包和烘焙食品結構與嚼勁的蛋白質基質），所以在義大利麵、麵包和披薩麵團裡面加鹽是很重要的步驟──並不只是要增加風味而已。

鹽也有助於讓食物釋出誘人的香氣。《美味》雜誌（*Saveur*）的編輯麥克斯‧傅柯維茲（Max Falkowitz）提出了一個簡單的實驗，能清楚說明這一點。煮洋蔥的時候，你在加鹽之前和加鹽之後可以各聞一下洋蔥氣味。你應該會發現，加鹽之後只要過個幾秒，氣味就會變得更濃郁而誘人。同樣的，烤架上的牛排──要是沒有加鹽，聞起來就沒有那麼香了。

最重要的是──一如我對學生的耳提面命──鹽要「早點加、而且常常加」，這能讓最終成果大大不同。若是在小火慢炒洋蔥時加鹽，能促進汁液加速釋出（經由滲透作用），因此縮短烹調的時間。假設你在煮含馬鈴薯丁的馬鈴薯湯好了，你開始

煮的時候忘了在洋蔥裡加鹽，加入馬鈴薯和水的時候又再度忘記。隨著馬鈴薯變軟、膨脹，馬鈴薯會因為吸了水──那沒味道的液體──而鼓脹。直到你最後才加鹽的時候，就會發現不管加多少，馬鈴薯本身還是沒味道。結果落得在湯裡加了太多鹽，試圖彌補馬鈴薯的淡而無味，最後成品更成了一鍋味道不協調的湯，同時太鹹又太淡。拯救這湯的唯一辦法，就只有打成濃湯了。

我早早就從茱蒂・羅傑斯（Judy Rodgers）的《祖尼咖啡館食譜書》（*Zuni Cafe Cookbook*，暫譯）中學到提早用鹽醃肉有多麼無敵。大塊的肉（大塊烤肉、羊腿、大型禽類）需要鹽醃的時間也較長。比較薄的肉，如肋排或里肌肉排，需要的時間則較短。我會提前好幾天先在火雞肉上抹鹽，也就是所謂的乾式鹽漬法；單片牛排則是在當天早上這麼做就可以。只要約五分鐘左右，滲透作用就會把肉裡面的水分引出來、跟鹽結合，所以煎牛排最糟糕的時間點就是加鹽之後幾分鐘到40分鐘內，因為表面的水分會直接在熱熱的鍋子裡蒸發掉，變成乾巴巴的牛排。最理想是加鹽之後等至少一小時再煎，因為那時鹽已經溶解在牛排釋出的水分中，並被肉重新吸收回去（逆滲透作用）。若是時間更長（我會把加了鹽的牛排冷藏六到八小時），鹽就能穿透肉（擴散作用）、改變蛋白質的結構，並讓肉吸收更多汁液。如果你忘記事先加鹽，那就要在下鍋時立刻加，不要讓水分有機會凝成水珠在肉的表面[8]。

---

8. J. Kenji López-Alt, "The Food Lab: More Tips for Perfect Steaks," *Serious Eats* (blog), March 18, 2011, http://www.seriouseats .com/2011/03/the-food-lab-more-tips-for-perfect-steaks.html.

趣味小知識 孕婦對鹹味會比較不敏感，所以渴望吃到更多鹽；科學家推論，這種敏感度的降低，會促使女性在母體與胎兒都需要額外的液體與營養時，多攝取鹽分[9]。

在打好的蛋裡先加鹽，等十分鐘左右再下鍋，能讓蛋（比起沒這麼做便直接下鍋）的滑嫩度大增，請注意，事先加了鹽的蛋顏色會稍微變深，但我覺得這格外柔嫩的口感絕對值得這一點點色差（想知道如何做出完美的炒蛋，請參考我的影片：bit.ly/2qGrr3F.）。即使是洋蔥和圓茄子這類質地結實的蔬菜，都會因為提早加鹽而受益。不過也不是每樣東西都應該事先加鹽：脆嫩的萵苣沙拉會稍微凋萎，番茄則會出水。海鮮的質地細嫩，所以若是先加鹽，肉質想維持住原有水準便不太容易（除非你要用燻製的），恐怕變得又老又韌。然而，把魚片在鹽水裡迅速浸一下、或是在下鍋前至多30分鐘先加鹽，就能讓整片魚肉得到徹底調味，但我通常不覺得這麼做有多必要就是了。

鹹味最厲害的能力之一，就是壓抑食物中討厭的苦味，同時還能凸顯比較討人喜愛的部分，如甜味。如果在切半的葡萄柚上加一小撮鹽，就能讓風味飽滿、壓抑部分苦味，而且讓葡萄柚通常比較細微的甜味變得更明顯。我做甜點的時候，都會至少加一撮鹽，以強調甜味、帶出主要的風味，不管是哪種甜點都一樣。做某些特別的甜點時，我會加不止一撮鹽，以凸顯甜和鹹的對比。若你是海鹽巧克力豆餅乾或鹹焦糖冰淇淋的成癮者，就會知道我在說什麼。

9. Steven Nordin, Daniel A. Broman, Jonas K. Olofsson, Marianne Wulff, "A Longitudinal Descriptive Study of Self-reported Abnormal Smell and Taste Perception in Pregnant Women," *Chemical Senses*, 29, no 5 (2004): 391–402, doi: 10.1093/chemse /bjh040.

沒有了鹹味，一道菜會缺乏整體感，失去平衡。特定食材嘗起來味道太重，其他的則味道不足，最終成果可能無法和諧搭配。想像一個混亂的阿卡貝拉合唱團：男高音是由尖聲號叫歌詞的女歌手負責；女低音則凶猛地吼回去；男中音跑去抽菸休息了；男低音幾乎聽不見；第一和第二女高音則是在表演廳另一邊唱歌。他們需要的是一個指揮——一個領導者，負責把他們組織起來、好好表演，引導出每個成員的優點，也得把太強勢者變得更柔和一些。鹹味就是食物的指揮，把食材統合起來，讓你注意到某些特定的口味調性，其他部分則被融合起來，最終成就某種討喜而繁複的組合，以及一致的和諧感。

如何判斷食物是否少了些鹽

可能比你想像中還簡單，不過仍舊需要專心跟練習。在舌頭中央部分（中間味覺）的味蕾，比舌頭上其他部位都來得少。好好利用這個知識——中間味覺就是味覺比較不敏感的地方，所以可慢慢增加鹽的分量，讓食物從舌尖到喉嚨令你感受到的味道保持一致，而不是到了舌頭中間突然嘗不到味道。食物不夠鹹時，你可能會覺得舌頭中間像有個「黑洞」一樣——味道到了那邊突然變得微弱。食物碰觸舌尖時，你能感覺到它即將展現的味道潛力，但再往後移，卻是：呃，沒了。或許舌頭後方會稍微嘗到味道，但稍縱即逝（尤其是苦味）。這就是菜餚裡的鹽非常不足時給人的感覺。

但是呢，慢慢加鹽能橋接起中間味覺，讓平衡的味道一路漸次延伸到舌後方。當你的鹽終於足量時，風味就會前後一致，還會像好酒一樣有餘韻。理想上，這一切發生時，食物嘗起來不會特別鹹——事實上風味反而應該很平均，不會有其中

哪一種大出鋒頭壓過其他風味的情況。

　　無論是在食材或菜餚中加鹽，都能帶出其本身的重要風味，但大概也不用我多說：如果一開始用的就是水準以下的食材，那麼鹽可發揮的助力便很有限。調味得宜、卻是用上禮拜軟趴趴的材料做成的沙拉，不會比用上禮拜軟趴趴的材料做出來、但毫無調味的沙拉好到哪裡去。

解讀什麼狀況代表鹽不夠

食物裡的鹽加得不夠時，你可能會發現以下問題：

- 舌頭中段像被棉花或紗布包住一樣，味覺變遲鈍
- 食物碰到舌頭中間時覺得味道不見了
- 嘗得到菜餚裡的某些元素，其他東西卻都不見了
- 覺得這道菜中的各個元素互不相讓、爭著出頭

如何拯救加了太多鹽的菜餚

1 加大分量或稀釋：換句話說，就是加進更多其他材料，讓鹽分散開。如果你拌的沙拉太鹹了，就多加一點萵苣。若是湯呢？加鮮奶油或一點（無鹽）高湯稀釋。什麼事別做？在湯裡加切塊的馬鈴薯，想「吸收掉多餘的鹽」。說真的，免了。這根本沒用，最後還可能跑出沒人樂見的黏糊「澱粉湯」。有些廚房迷思就是這麼雋永。

2 加一點甜味，可以是糖、蜂蜜、水果乾等。大腦會被徹底說服，相信食物含鹽量沒那麼高。但猜猜怎麼著？其實鹽量一點也沒變。

3　加入少量的檸檬汁或醋，翻動或攪拌均勻，持續嘗嘗看味道，直到你覺得沒那麼鹹為止。酸會降低對鹹味的感知。如果你常覺得餐廳的食物太鹹，不妨要一塊檸檬角或一點醋，可能最後仍不免腳踝水腫，但至少飯吃得比較開心。

4　加入油脂以「包覆舌頭」，這樣能降低對鹹味的敏銳度。比方說，在太鹹的泰式湯品中加一點椰奶；或是在太鹹的沙拉醬汁中多打一點橄欖油進去。

5　若以上任一種方法沒用的話，將這四種方法隨意組合嘗試。

鹹墨西哥玉米脆片奇案

情境：請你用一顆酪梨、一撮鹽和一顆萊姆簡單製作出酪梨醬。你嘗了味道——好像不夠鹹，但你推論，如果搭鹹的墨西哥玉米脆片一起吃，就會有足夠鹹味來補足酪梨醬的風味。

問題：你用玉米脆片沾不夠鹹的酪梨醬吃，結果鹹玉米脆片讓酪梨醬的風味變得更好了嗎？在你口腔中流連不去的是什麼味道？是酪梨味，還是玉米脆片裡的玉米味？

答案：當你用沾醬搭玉米脆片的時候，一定要讓兩者鹹味相當，不然比較鹹的東西的風味就會壓過另一種味道。以此案例來說，玉米脆片中的玉米會是你嘗到的主要味道。搭配食物時，一定要同時品嘗每種食材和打算搭配的東西，才能知道整體味道是否相得益彰。酪梨醬要多加些鹽，鹽量要多到單吃酪梨醬時可能覺得有點太鹹，但這

樣可以平衡玉米片的鹹，並把酪梨的風味提升到原本該有的明顯程度。玉米片裡的鹽善盡職責，它的工作就是要凸顯玉米的風味本色，結果卻在搭配酪梨醬時，蓋掉了酪梨味。雖然在搭配鹹玉米片的沾醬中加更多鹽，感覺有點違背直覺，但真的有用。試試看吧！

鹽的種類

你是否嘗過含碘食鹽的味道？我是說直接嘗，而不是配食物吃。如果你常使用這種鹽、又沒有嘗過它本身的味道，我認為你應該試試看，再比較一下含碘食鹽和猶太鹽（kosher salt）或細海鹽的味道，看自己喜歡哪一種。我們進廚藝學校後做的頭幾件事，就包括盲測各種鹽的味道。我再回去看自己當時寫的筆記時，還真的嚇了一跳：加碘鹽味道銳利、有化學餘味，是我最不喜歡的一種。在那之前，這種鹽是出現在我生命中唯一的鹽。

這個實驗充其量只說明了鹽風味（所謂「風味」其實比較可能是另外添加的碘味）的不明顯；但歸根結柢，鹽──無論是哪一種：含碘食鹽、猶太鹽、細海鹽或片狀海鹽──統統是鹽。也就是說，不管哪種鹽，一般均能帶出食物風味、平衡不同元素，並透過滲透、醃漬、鹽漬等方法造成化學和物理作用。

我自己在用量大的時候會使用猶太鹽，例如在煮義大利麵的水裡加鹽、燙蔬菜，或是要鹽烤魚時。因為這種鹽比較便宜，也很容易用手指捏起來。鑽石牌（Diamond Crystal）的風味和質感是我最喜歡的，而且還有另一個好處：這個牌子的鹽

不含任何抗結塊劑,因為在我看來,加那種東西根本毫無必要。在調味和幾乎其他所有料理步驟中,我都用細海鹽。偶爾我也會在一道菜最後點綴階段加上片狀或大顆粒的海鹽,增添一點脆口的特殊效果。但我要再次重申,就鹽對食物可口度的影響來看,大可將各種鹽替換使用。不過請記住,猶太鹽和片狀海鹽的體積比細海鹽或普通食鹽大。當你換算食譜用量的時候,我建議普通食鹽和猶太鹽的替換比例是1:1.75,這樣才能達到最佳調味。

鹽的換算

食譜要求的每1小匙普通食鹽,請用1又3/4小匙的鑽石牌猶太鹽取代。若是普通食鹽和細海鹽,只要是1大匙以下的用量,都是用1:1替換,但在用量較大時,細海鹽的分量就要稍多一些:1大匙普通食鹽相當於1大匙又1/4小匙細海鹽。注意:摩頓牌(Morton)粗猶太鹽比鑽石牌猶太鹽更扁也更緻密,跟普通食鹽替換時可用1:1比例,但我還是比較推薦鑽石牌。

做本書的實驗時,為方便標準化我們所期待的結果,請務必注意我指名要用哪一種鹽及其用量。我會請你使用細海鹽或猶太鹽。

如果你需要烹調低鹽菜色

美國衛生及公共服務部在2015年發布的「美國人飲食指南」中建議,大部分美國人每天的鹽分攝取量都應限制在2300毫克(約一小匙普通食鹽)以下。如果你通常攝取超過這個建

議量、且減鹽飲食對你來說比較好的話，那麼在家下廚時，的確是有些辦法可幫你自己或某位長輩伯伯做些調整。可憐的伯伯。

1 要有耐心。在戒鹽過程中，你對食物的天然鹹味會變得愈來愈有察覺力，到最後，不必加那麼多鹽就會覺得食物美味。

2 有人會建議增加飲食中香草與香料的用量，讓食物變得比較有趣、以補償少掉的鹹味。但遵照這種建議時千萬要小心，因為許多香草和香料本來就有微微的苦味，若又少了鹽發揮調和的功能，風味中的不平衡感就會更加明顯。舉例來說，如果在沒那麼鹹的辣肉醬裡多放了小茴香、牛至草和百里香，肉醬就會變得有點苦，可能滿多人會覺得不可口。代替做法就是選用本身比較不苦的香草和香料，讓同樣的菜餚多一點趣味和變化，比方說可以用香菜或甜椒粉。

3 一定要選擇新鮮、色彩繽紛、質地豐富的食材，這些都能讓菜餚變得更有趣。

4 儘管如此，請忍住妄想用一大堆不同食材、讓低鹽料理變得更豐富的衝動。請記住鹽是「食材管弦樂團」的指揮。沒有了鹽，料理的味道可能會不連貫且失衡，而所用的材料愈多，這種情況就愈嚴重。

5 少吃加工或包裝食品，這對調整你的味覺大有幫助，你對鹽的感受力也會更敏感。之後，只需少量的鹽就足以讓你覺得夠鹹了。

我如何學會做全世界最糟
（然後變成最棒）的猶太丸子湯

雖然我在廚藝學校的第一個星期就學到了關於鹽的知識，

但過沒幾個月，我就發現自己站在家中廚房，傻眼俯視著一鍋淡而無味的猶太丸子湯（Matzo ball soup），整個人目瞪口呆、不知到底少了些什麼。後來我發現，這鍋湯打從一開始就多加了那麼一小撮的傲慢。當時，我正嘗試改造我奶奶的食譜，那是我小時候的「液體盤尼西林」、也是我全家人所想像得到能用一隻雞做出來、最撫慰人心的東西。但既然我已經走在成為主廚的道路上，我認定自己必能略勝奶奶一籌。我要把廚藝學校教的扎實法式料理技巧運用在她的湯上——我會把本來就很棒的食物變得好還要更好。

我坐下來草草記下幾個重點。要改掉的第一件事：奶奶那種把整隻雞丟進鍋裡熬高湯的舊世界做法。（畢竟，等高湯熬好，最後要放進湯碗裡上菜的白肉部分一定會太老。）相反的，我把整隻雞拆解開，深色的肉跟白肉分開，先煮雞腿、稍後再加入白肉。拆下來的骨頭、再多加些雞脖子和雞背骨，先烤過、讓骨頭焦糖化，可以做出更濃郁、深邃的風味。我會用少許白酒替烤雞用的鍋子洗鍋收汁（deglaze），把鍋裡滋味豐富的湯汁加上百里香、月桂葉、茴香、韭蔥和胡蘿蔔一起丟進高湯裡。熬上幾個小時、仔細濾渣之後，再把高湯收乾一些、讓風味更棒。然後拿一個乾淨的湯鍋，加些雞油，從洋蔥、茴香、胡蘿蔔、韭蔥和西洋芹開始重新煮一鍋湯。奶奶總是用水來煮丸子；我呢，要用水加高湯來煮丸子，這樣丸子就能吸收額外的風味。最後再把高湯、熟度完美的肉和圓滾滾的猶太丸子組合起來。

飄出來的香氣實在有夠誘人。我嘗了嘗味道。結果竟然平淡到無以復加。我的味覺一定出了什麼問題。我又試了一次，還是一樣。花了這麼多時間、這麼多努力，結果味道淡得就像

有人光把雞舉在一鍋溫水上面揮了幾下，最後還把雞帶到不知道哪理去。我這樣說算很客氣了。

所以到底是哪裡出了問題？在廚藝學校，老師警告我們絕對不可以在高湯裡加鹽，這是有原因的。在大多數專業廚房裡，高湯都是最耐操耐磨的好傢伙，運用高湯的方式百百種。廚師不會知道一鍋高湯最後會用在什麼地方，如果要把高湯收得很乾，比方用來做法式多蜜醬汁（demi-glace，又名半釉汁），而高湯這時又已是加了鹽的狀態，最後的成果可能完全無法入口。所以，鹽要早點加、而且常常加——只有高湯例外。然而，一旦你進展到用高湯來煮湯的步驟時——代表後續濃縮程度有限——那麼上面提到的這句金玉良言就很適用，請加鹽。我就是太注意不要在高湯裡加鹽，結果到了該讓湯增加風味的時候，呃，鹽就被整個忘了。我還記得要幫丸子加鹽，但第一次試味道的時候我只嘗了高湯。

天啊，我期望很高耶。屋裡瀰漫的香氣美妙得不像話，我的驕傲自大和自鳴得意已達歷史新高，而這鍋淡而無味的洗碗水偽裝成的湯實在太侮辱人。就當時我這個烹飪新手看來，這道菜毀了——我花的那些時間、所有的努力、還有那所有額外費工步驟，全付諸東流了。我完全沒想到鹽能把剛剛所嘗的那鍋湯從糟糕變成精采之作。這就是鹽的力量。

但我並沒有把湯倒掉。我想，不可能更慘了吧——那就繼續加鹽，看看會怎樣。我加了點鹽、攪一攪、嘗嘗看。什麼也沒有。我再繼續加。直到最後，終於有一點點什麼了：胡蘿蔔味、隱約的茴香味、烤雞骨頭深邃的泥土與焦糖味。先是我的舌尖嘗到這股風味，而隨著每次多加的鹽，風味也逐漸填滿我的舌中間味覺、並蔓延到舌頭後方，成為繚繞的餘韻。等湯終於「到位」，我真的嘗到了之前所有投入的心力、多花的那些時間和技

巧。有多少人曾經把自己做失敗的菜直接吃掉或倒掉，卻不知道只要多加一點鹽、一點耐心、繼續試味道，就能在自己眼前扭轉乾坤？這鍋湯終究還是成了一鍋不可思議的湯——是我喝過最棒的猶太丸子湯，唯一的美中之足：這不是奶奶煮好、端上桌給我喝的。想親自體會這道湯的美好，請見第35頁的食譜。

海的味道

這世界上有兩種人：一種人覺得做事有點含糊沒什麼關係、另一種人則完全無法接受。後面這種人需要每件事情都說清楚講明白、最好白紙黑字解釋清楚。若是有「適量」之類的指示，可能就會把他們搞得很焦慮。

大部分的人都落在這個鐘形曲線的中段，可能為了沒說清楚的事而在「自在」與「緊張」之間擺盪，依他們當下的心情而定。我在廚房裡，通常會避開量匙之類的東西，只根據感覺和經驗做菜。我也曾數度把這種隨意的態度傳授給不是廚師的人。某次我跟一個朋友說，燙四季豆用的水要「嚐起來像大海」。通常沒有人會質疑我這到底是什麼意思。大家自有體會：好，味道要很鹹，然後他們就去做菜了。不過，我剛剛有提到這個朋友是海洋物理學家嗎？

告訴她要把某樣東西弄得「嚐起來像大海」完全不行。她回電郵給我說：「開放洋區的含鹽量大概是35/1000（ppt）。4夸脫的水約等於4公升，所以 1 ppt= 4 毫升，所以 35 ppt= 140 毫升。每 1 小匙水約等於 5 毫升，3 小匙等於 1 大匙，所以那就是 9 到 10 大匙的鹽。你要我放 10 大

匙的鹽在一鍋水裡嗎？那樣很多耶！」

　　所以我直接打電話給她，跟她說之前請她把東西的味道調味得像大海，可能是我的問題。我自作聰明地說，那就把燙豆子的水調成微鹹的水──可能類似普吉特灣（Puget Sound）的味道吧。

　　「好，普吉特灣差不多是25/1000，」她說，「所以一鍋水放大概7大匙的鹽，是這個意思嗎？」「呃，」我回說，「在水裡加2大匙猶太鹽就好。」

　　那天稍晚她留了語音訊息給我：「如果是這種含鹽量，以後應該跟別人說：燙豆子的水鹹度要相當於瑞典和德國之間的波羅的海那樣。」

實驗時間

目的：了解為什麼鹽是整道菜的指揮，能連結起各有特色的「樂手」，並讓整體和諧均衡。

　　細心的讀者應該會注意到，我一直在囉嗦食物裡加了正確分量的鹽好處多多。不過呢，沒有比親自體驗更能讓人牢牢記住的了。如果鹽這麼重要，而你偏不管食譜怎麼寫、硬是一點鹽也不加，那會發生什麼事（姑且假設你是做菜時手邊會有食譜的人）？且跟著我做做看。在下面的實驗食譜中，請按照指示小心操作。我會引導你一步一步做出最後會美味可口的沙拉（要有信心），但在製作過程中，沒有鹽所施展的魔力，味道會糟糕得恐

這是這本書裡最重要的實驗。只要掌握了鹽，其他一切自然水到渠成。你一定會對鹽刮目相看！

怖。準備好紙筆，因為我會請你隨手記下一些想法。等你嘗過這道菜，並仔細思考過每個問題之後，再讀一下我的評語，看多數人在味覺實驗中的特定階段，都體驗到了些什麼。

香料胡蘿蔔沙拉　4人份

- 1磅胡蘿蔔（約455公克，請選擇品質最佳、最新鮮、最頂級的胡蘿蔔，最好是在地生產的）。如果不是有機的，請把皮削掉
- 1/2小匙小茴香籽
- 1截（約2.5公分）肉桂棒
- 1小匙甜紅椒粉或煙燻紅椒粉
- 1/4杯特級初榨橄欖油
- 3大匙現擠檸檬汁，多準備一些備用

- 至多2小匙的細海鹽
- 1小匙蜂蜜（可省略）
- 1/4杯山羊乳酪（契福瑞〔chèvre〕乳酪）
- 1/4杯新鮮現切荷蘭芹末
- 1大匙賽拉諾辣椒（serrano chile）碎末（籽和膜要去掉，除非你喜歡吃辣）
- 1小匙現磨的薑
- 1/4杯烤過的南瓜籽，裝飾用

1　先咬一口胡蘿蔔，嘗嘗原味。注意胡蘿蔔的甜味或土味有多重、會不會苦。

　　貝琪說： 大部分的人會在舌尖嘗到一點點甜味，吞下去之後，有些人可能會在五到十秒鐘後感覺到微苦的餘味。（至第9頁看遺傳對你的味覺能力有什麼影響。）

2　把胡蘿蔔刨成粗絲，或用食物處理器切成粗絲，放在大碗裡。全部應該有四杯左右的量。

3　把孜然和肉桂棒用中等大小的平底鍋乾鍋加熱，烘到小茴香籽變褐色，且有香味飄出來，約需一分鐘左右。用手把肉桂棒折成小段，和小茴香籽、紅椒粉一起用香料研磨器或杵臼研磨成細粉（可用細篩網篩掉較大、未完全磨細的肉桂碎

塊，用杵臼比較可能碰到這種狀況）。聞起來很香吧？

4　把混合香料撒在刨好的胡蘿蔔上，混合均勻。接著再嘗幾根胡蘿蔔絲。你現在嘴裡有什麼感覺？請描述一下口感如何。這些香料對胡蘿蔔的甜味有什麼影響？

　　貝琪說：很糟糕吧，對不對？現在是不是在埋怨我了？沒有加鹽的時候，香料會凸顯出胡蘿蔔的不甜或土味，徹底摧毀了天然的甜味。此時香料獨大，創造出一種很糟糕、不平衡的味道。

5　如果我不讓你在這時加鹽拯救這道菜，你會加什麼？脂肪？酸？先加脂肪看看。把橄欖油加在胡蘿蔔絲裡拌勻，然後嘗嘗看，試試味道。滋味如何？

　　貝琪說：脂肪會包覆味蕾，同時也會攜帶風味（更深入的解析請見第五章），但因為橄欖油本身特性的關係，加了之後可能會、也可能不會為食物增添苦味和酸味。這道菜也許會變得更油膩、也許會更苦，可能也有些香料的味道會稍微變淡。油脂中的水分會使質地嘗起來好一點點，但整體而言，味道應該還是很糟糕。你可能也會開始注意到舌中段的味覺感受還是空空的。

6　再來測試看看酸味。把檸檬汁加進胡蘿蔔絲裡，攪拌均勻，再嘗嘗味道。

　　貝琪說：好啦，這下總算有點進展了。酸味很顯然平衡了

這道菜裡的油脂，也讓沙拉嘗起來更帶勁（詳情請見第三章），但在這個時候，你應該會覺得舌頭中段就像個無底洞。這道菜嘗起來不再恐怖，但是卻沒有靈魂；風味明顯消失，沒有尾韻，所有個別「樂手」之間也沒有統一性。

7　現在該加鹽了。先從 1/4 小匙細海鹽開始。攪拌均勻，嘗嘗看。分量上我有稍微保留一點，先挑逗一下你的味蕾。注意舌頭中間這個假想的「洞」，看看它是怎麼慢慢補起來的。分次拌入 1/4 小匙的鹽，每次拌好後都嘗嘗看，當你的舌頭從前面到後面都一致嘗到沙拉味道的時候，鹽的量就已經夠了。注意自己什麼時候會發出「嗯～」的滿足讚嘆（當然，不是每個人都喜歡這道沙拉，所以如果你沒有讚嘆，也不要覺得難過）。當鹽量足夠時，你應該也會注意到胡蘿蔔味回來了。如果一開始吃起來有苦味，這時候也應該比較不苦了，因為鹽具有破壞苦味的神奇效果。但如果仍稍嫌有點苦苦的，可拌入少許蜂蜜，增加一點甜味。

8　最後，就是美味加料時間了：加入山羊乳酪、荷蘭芹、辣椒和薑。鹽會把各種大異其趣的元素整合起來。乳酪、香草、香氣材料和辣椒的辣，對這道菜來說都不是必須的，但能讓料理變得更有趣。一旦你學會辨識料理中缺了鹹味，就應該先從鹽開始加，之後才考慮其他食材。再嘗嘗這道沙拉，確保剛剛加的那些食材沒有破壞平衡。如果你希望沙拉更輕盈，那就多加點檸檬汁，但要記住酸味會降低舌頭對鹹味的感覺，所以加了檸檬汁之後要再嘗嘗味道──可能需要多加一點鹽來平衡。上菜之前以南瓜籽裝飾。

註：這道沙拉可以搭配烤羊肉。

奶奶的猶太丸子湯 6人份

這道湯的品質取決於所使用的高湯（還有──可別像我──是否記得在湯裡加鹽）。請按照第36頁的食譜來製作高湯。最早可在一星期前就先把高湯煮好、冷藏，若用夸脫（1夸脫約為950毫升）大小的容器裝好冷凍，可放六個月。解凍時，把整個容器放進一大碗溫水中，等高湯冰塊的邊邊融化、能整塊脫離容器時，直接把高湯倒進鍋內，煮沸就可以用了。我拆解一隻雞的影片示範，請見：bit.ly/2qGBA0p。

猶太丸子部分：

- 4個蛋，稍微打散
- 1杯曼尼薛維茲牌（Manischewitz）猶太丸子粉（積習難改，包括使用奶奶最愛的品牌）
- 1/4杯蔬菜油，若能用雞油（或鵝油）更好
- 1夸脫又1/4杯的烤雞高湯（食譜見下頁），分成2份
- 2夸脫（約1900毫升）的水
- 1又1/2大匙的猶太鹽

湯的部分：

- 約2夸脫（足以淹過雞肉）的烤雞高湯（食譜見下頁）
- 1把荷蘭芹，莖和葉分開，葉子大致切碎
- 5根百里香
- 2小匙細海鹽
- 1小匙茴香籽（可省略）
- 1/4小匙紅椒片（可省略）
- 1隻雞的胸肉與大腿（不要去骨）
- 1顆大洋蔥，切成中等大小的丁狀
- 4根西洋芹梗，切成1/4吋（約0.6公分）長度的半月狀
- 2根中等大小的胡蘿蔔，對半縱切後再改刀切成1/4吋長的半月狀
- 1/2杯新鮮球莖茴香，切成小丁（可省略）
- 現磨黑胡椒

1　按照猶太丸子粉包裝盒上的指示製作猶太丸子，先把蛋打在中等大小的碗裡。把油或雞油、丸子粉和1/4杯雞高湯一起

加進蛋液中。攪拌均勻後，稍微蓋起來，放進冰箱冰20分鐘。舀出小球冰淇淋大小的丸子麵糊，用稍微沾濕的雙手揉成直徑約1吋（約2.5公分）大小的圓球，施力要輕柔，免得丸子變硬。在煮加了水的高湯時，先把丸子放一邊備用。

2 在所剩1夸脫的雞高湯中加水一起倒進大鍋，以大火加熱。加入猶太鹽，煮滾後轉小火，把丸子輕輕放入湯中，蓋上蓋子後用小火煮30到40分鐘，或把丸子煮到喜歡的熟度——有人喜歡整顆丸子又鬆又軟；有人喜歡丸子有嚼勁、中心不要那麼熟。

3 煮湯。把另一份雞高湯放進大鍋，以中火加熱，加入荷蘭芹梗、百里香、海鹽、茴香籽和紅椒片。把火關小，小到幾乎看不出沸騰。小心把雞大腿放進高湯，蓋上蓋子，但保留一點縫隙。煮30分鐘之後加入雞胸肉，再煮10到15分鐘，或煮到雞肉熟透（可用刀子戳戳看）為止。

4 過濾雞湯，將荷蘭芹和百里香撈掉拋棄。雞肉放在一旁待涼備用。濾過的雞湯以中大火重新加熱。在鍋裡加入洋蔥、西洋芹、胡蘿蔔和茴香，把湯煮滾，再轉小火維持微滾狀態。

5 趁煮湯的時候，把雞肉從骨頭上取下來、撕成絲。將雞肉絲和荷蘭芹葉加進湯裡，嘗嘗味道。喜歡的話，可以再加海鹽和黑胡椒調整風味。每個碗裡放三、四顆猶太丸子、再放一杓湯和少許雞肉絲。

烤雞高湯 5夸脫（約4700毫升）

- 1副雞骨架（胸肉和雞大腿取下來做丸子湯或其他用途）外加1磅（約450公克）雞脖子或雞背骨
- 2根韭蔥，只取白色和淺綠色部分，縱切對半，清洗乾淨
- 4根西洋芹梗，不切
- 1棵球莖茴香的頂部和葉片，不切
- 10枝新鮮百里香
- 10枝新鮮荷蘭芹
- 2片乾燥月桂葉

- 1顆大的黃洋蔥，切成4瓣
- 4根胡蘿蔔，不切
- 10顆黑胡椒粒
- 2加侖（約7570毫升）冷水
- 少許不甜的白酒

1　烤箱預熱至華氏450度（約攝氏230度）。

2　雞骨架、雞脖子和雞背骨放在大型烤盤上，烤到呈棕色，約需45分鐘。加入韭蔥、洋蔥、胡蘿蔔、西洋芹、茴香、百里香、荷蘭芹和月桂葉，搖晃烤盤讓蔬菜沾上雞油。繼續烤20分鐘。

3　把所有食材和黑胡椒粒一起放進大鍋，加水淹過食材，用大火加熱。同時以小火加熱烤盤，加入白酒把烤盤上的褐色「好料」刮起來。把這些液體黃金加入鍋中，每塊褐色的東西都要刮下來。（如果想要多點液體來收汁，可多加些水。）

4　高湯表面開始起泡的時候，轉成中小火，讓高湯保持微微滾沸的狀態。不要蓋蓋子，繼續熬約三到四個小時。第一個小時裡，每隔10-15分鐘就要用湯匙或細篩網把表面的浮沫撈掉。接下來幾個小時只要等有浮沫跑出來再撈就好。（這樣可避免高湯變得渾濁。）需要的話可加些熱水，不要讓雞骨和蔬菜露出水面。好好享受家裡瀰漫的煮湯香氣。

5　用細篩網把高湯過濾到另一個大湯鍋或耐熱容器中。固體部分全都得丟棄。把高湯放回爐子上加熱30分鐘，以濃縮風味。煮好後，把高湯連鍋子一起放入一大鍋冰水或裝滿冰水的水槽，讓高湯立刻降溫到華氏40度（攝氏4度）以下，蓋上蓋子、放進冰箱冷藏一夜。表層凝固的油脂刮掉不要。高湯放在密封保鮮盒中可冷藏一星期；放在冷凍庫則可保存六個月。使用之前先煮沸二分鐘即可。

第三章

酸

正值溽暑、氣溫是華氏99度（攝氏37度），又熱又黏，而且你一直在戶外工作。有個小孩賣了一杯4.5美元（沒辦法，誰教通貨膨脹）的檸檬水給你。你咕嘟咕嘟一口氣就把這杯飲料給乾了。感覺如何？大部分的人都會說好清爽。當你吃或喝到什麼清爽的東西時，我敢說，裡面一定有酸。事實上，如果你吃到的食物是酸溜溜、刺激、口味鮮明、爽口、解渴、振奮人心、有朝氣、讓人流口水、清新或濃烈，我都會打賭裡面有酸。酸味會讓食物顯得生氣蓬勃、並且甩你一巴掌，讓你從令人昏昏欲睡的菜餚中清醒過來。酸，就像是潑在臉上的冷水；像是照進你眼中明亮的夏日午後陽光。若沒有了酸，食物吃起來的感覺可能是沉重、死氣沉沉、乏味、遲鈍，還會膩。這也是我開在八月中馬路邊的牛肉湯舖生意從來沒好過的原因。

我們花了很多時間討論鹹味，因為就做出美食而言，鹹味實在非常重要，不過重要性緊追其後的，就是酸——來自醋、酒和柑橘類的酸味。在我曾工作過的餐廳廚房中，最可能引發主廚對廚師咆哮的兩件事，就是鹹和酸。如果你曾在我當二廚那個時代的華盛頓伍丁維（Woodinville）「香草農場」餐廳偷聽的話，就會聽到：「要加鹽」、「加檸檬汁」、「太鹹了」、「要提高酸度」，或是「加醋進去」——還有其他許多批評是我無法昧著良心實寫進這本書裡的。幾乎很少會出現像是「我覺得這道菜需要加番紅花」或是「很好吃，但我確定少了些紅椒粉」這類的話。處理菜餚口味時，一旦搞定了鹹味，就直接往掌握適量酸味的里程碑前進吧。只要運用得當，酸味就能讓食物和飲料

彷彿會唱歌一般多采多姿。

酸的基礎班

用最簡單的方式來說，當你吃到酸的東西時，氫離子就足以刺激味覺細胞釋放出神經傳導物質，並警告大腦你攝入了某種酸味物質。一點點酸的威力就很厲害了。我們的味蕾對酸的食物非常敏感（對苦的食物也是）。微微的酸清新爽口，但太酸的話，就會讓人聯想到未熟的水果，或是美食光譜另一端的酸敗（想像一下壞掉的牛奶）。

趣味小知識 根據我自己對一些小朋友的不科學觀察，他們似乎真的很喜歡酸的東西，從他們愛吃超級酸的糖果就可見一斑：彈頭（Warheads）、薩斯（Zotz）、酸滋（Zours）、小鬼頭（Sour Patch Kids）、呆頭激酸（AirHeads Xtremes）等例子都是。2003 年有一項研究發現，確實，美國和英國的小孩可能比大人更喜歡酸的食物[10]。

酸味也會刺激唾液分泌。沒有唾液，你大概什麼味道都嘗不到。不妨想像（如果你是很認真的人，就直接試試看）用吸水力強的毛巾把舌頭擦乾，然後放一小片披薩在舌頭上。沒有唾液把化合物運送到味蕾，你幾乎什麼味道都嘗不到。

並不是每道菜都需要酸味，但酸味絕對在每一餐中要有一席之地為佳，可以是配菜（如醃菜）、也可以是飲料。想像一道經典的美式中西部燉牛肉：有大塊的牛肉、馬鈴薯、芹菜和胡

10. Djin Gie Liem, Julie A. Mennella, "Heightened Sour Preferences During Childhood," *Chemical Senses*, 28, no 2 (2003): 173–180, doi: 10.1093/chemse/28.2.173.

蘿蔔，很可能是用牛肉高湯燉的，有些燉牛肉會加番茄，那就是一種酸味來源，但大部分的燉牛肉並沒有加。燉肉中若沒有番茄的酸，你覺得自己會想喝些什麼來配這道菜？如果你回答啤酒或葡萄酒，那麼味蕾的智慧正在替你吐露實話。如果你不喝酒，蘇打水也是微酸性的，可以為沉重、濃郁的菜餚注入生氣，讓東西吃起來更爽口。

解讀什麼狀況代表酸度不夠

當食物缺乏酸味的時候，你可能會注意到以下情形：

- 葡萄酒專家所謂的「肥碩」、「平淡」、「不結實」；一種膩口、糖漿般的感覺
- 嘴唇有油膩感（想像一下太油的沙拉醬汁）
- 死板或沒有生氣的感覺
- 口腔裡唾液太少

用酸味平衡菜餚

菜餚愈鹹，就愈需要一點酸來提振味道。一點點的酸，和菇類、肉類與豆類都很搭。菇類可加少許白酒；少許雪莉酒醋則可為豆類菜餚漂亮收尾；用番茄也能為肥滋滋的牛肉菜色解膩。甜膩的食物也會因為加了酸而受益。在打發的鮮奶油裡加酸奶油或馬斯卡彭乳酪、搭配香甜濃郁的巧克力蛋糕；擠一點檸檬汁拌進覆盆子泥或桃子泥中，都是相同道理。酸味可以影響一道菜的口感，把油膩以及／或者肉肉的感覺變成平衡的味道（如漢堡裡酸溜溜的番茄醬或烤火雞三明治裡酸香的蔓越莓醬）。酸味最大的本事之一，就是降低我們對鹹味的感受。如果

你「一撮鹽」的量捏多了，可以加點酸味之後再嘗嘗看。

神祕果和變味效果

神祕果又名變味果，是原產於西非的神祕果（*Synsepalum dulcificum*）這種植物的果實。神祕果的果肉中含有一種名為「神祕果素」（miraculin）的蛋白質，這玩意兒聽起來像哈利波特的咒語，也真的能把你對酸味的感覺變成甜的（稱為「變味效果」）。因為神祕果素能阻斷受器，所以就連苦的食物吃起來都會比較甜。吃了神秘果後再喝純檸檬汁，結果令人驚嘆，因為味道就像甜滋滋的檸檬派。塔巴斯科辣椒醬（Tabasco）會變成辣的甜甜圈糖汁。嘗到山羊乳酪，味道像乳酪蛋糕。《紐約時報》在2008年刊登了一篇關於當時最熱門的「滋味幻覺派對」的報導：在派對上，你一進門就要先吃神祕果，然後開始吃一大堆原本單吃並不好吃的食物。如果你很想嘗試神祕果，請小心點，別瘋狂亂吃。雖然吃什麼都是甜甜的，但你的身體終究還是會排斥大量的檸檬汁和辣椒醬。還是先把胃藥準備好吧。

各種沒有添加風味的鹽為食物調味的方式基本上都是一樣的（只是某些小地方還是要注意）。但酸味就不同了，如果你是用醋或柑橘類水果之類的食材做菜，那麼除了增添酸味之外，還會摻入其他的風味。這樣的結果在食品加工業界當然是缺點，因為廠商會希望在不影響食物風味的情況下操控酸味、油脂和鮮味（請見第104頁關於MSG的討論）。用天然食物做菜，代表除了基本味以外，通常也會得到額外的風味。我認為

這對廚師來說是好事，能在廚房裡帶來無窮的變化，比方說雪莉酒醋，就不僅是改變菜餚的酸鹼值而已，同時還會增添富有深度的森林氣息和堅果風味，搭配堅果和豆類菜餚更是絕配。清爽、酸香的米醋則是跟冰涼脆嫩的大黃瓜非常搭。

　　吾友金・布勞爾（Kim Brauer）寫了《制霸餐飲學校的不鬼扯指南》（*The No-Bullshit Guide to Succeeding in Culinary School*，暫譯），她愛檸檬成痴。我們一起下廚的時候，我都要保持警覺，因為她老是故意扔檸檬過來——有時候是真的拿檸檬丟我。我從她那裡學到用酸要雙管齊下，把檸檬汁和少許醋混合使用，這樣一來既有柑橘的明亮酸甜味，又有醋的泥土、蘋果或葡萄酒氣息，風味會變得更多元而豐富。舉例來說，烤甜菜根（這種蔬菜惡名昭彰，土味很重、又很甜，可能有人會說味道跟泥巴一樣）的時候若只加檸檬汁、橄欖油和鹽，毫無疑問一定會很好吃。但在風味陽光有朝氣的檸檬汁以外，若再加上一點雪莉酒醋，善用酒醋的森林大地氣息，烤出來的甜菜根味道會比只用一種酸去調味的結果更複雜、也更美味。事實上，我若只用雪莉酒醋來搭配甜菜根，烤出來的味道根本不行：土味重過頭，唯一嘗到的只有雪莉酒的味道。我請大廚朋友試吃各種版本的烤甜菜根，分別是加了檸檬汁、加了檸檬汁和雪莉酒醋、只加雪莉酒醋，和只加甜巴薩米克醋，最好吃的永遠都是檸檬汁加酒醋的組合。順便告訴你，只加巴薩米克醋的版本會太膩。

酸味搭配不同料理的方式：

- 吃下一道油脂豐富的生魚片或壽司之前與之後，用來清味蕾、解膩的醃薑
- 在含多道菜色的組合套餐中間送上輕盈爽口的義式雪

酪（可以讓味覺甦醒、幫你充電，好繼續品嘗後面的菜餚）

- 搭配肥膩豬肉菜色的韓國泡菜
- 搭配濃郁菜色的日式漬物，如醃小黃瓜或醃蘿蔔
- 搭配豐厚的肉類菜色，如德國香腸常會跟德國酸菜一起吃
- 搭配炸魚以解油膩的檸檬
- 搭配全是澱粉的馬鈴薯的番茄醬（其實根本百搭）

有時候一道菜本身的酸味已經足夠，但你想加強鮮明感，又不想讓味蕾只嘗到酸，或打壞平衡，有個選擇就是加刨得很細的柑橘皮碎絲（請記住，這麼做可能同時會讓柑橘皮碎絲白色部分上頭的苦味跑進菜餚中）。不然，你也可以拿枝香茅（別名檸檬草）或檸檬葉來用——這兩者都能傳達柑橘的鮮明感，又沒有柑橘那麼高的酸度。

拯救過酸菜色的方法

1 加點甜味，可以用糖、蜂蜜、水果乾等。回想一下檸檬汁的例子，大家都知道在檸檬汁裡加糖可以截斷舌頭對檸檬酸味的感知。

2 加一點脂肪「包覆舌頭」，以抵禦酸味「攻擊」（想想看平衡油醋醬的方式）。萬一不小心倒了半杯醋到燉菜裡、又不想放太多糖來平衡，這類危機用油來化解效果就很好。

3 加更多蛋白質、蔬菜或任何沒有酸味的東西，來增添分量或稀釋，讓酸味擴散開來。水或高湯也有用，但之後要記得再

嘗嘗味道，以免讓味道的擺錘又晃到另一個極端去了。

4 萬一上述任一項成效不彰，可自由組合、混用做法1、2、3。

我爸吸檸檬的故事

　　我爸會直接把檸檬放到嘴巴裡吸，至少他以前會。我們家的人都知道他有這個奇怪的癖好。我試著想像身高6呎、擁有70年代湯姆·謝力克風格八字鬍和其他個人特色的老爸還是個小男孩的模樣，想像他一邊繞著房子跑、一邊拿著檸檬大吸特吸，但腦中實在很難構成那幅畫面。我爺爺奶奶覺得這種行為很奇怪，不過後來發現這樣他至少不會去碰那些更強勁的東西，像純檸檬酸之類的。如果你相信我奶奶說的話，那我爸就是一年到頭手上總是抓著青蛙、口袋裡放著石頭和貝殼，嘴上還叼著一顆檸檬的小子。我在成長過程中並沒看過已成年的爸爸吸吮檸檬。我覺得，他應該已經揮別了這種小時候的奇怪癮頭。直到有一天，他讓我試喝他最喜歡的葡萄酒，灰皮諾。這酒就跟檸檬水一樣爽口又清新，就是大人版的吸檸檬——只是加了酒精。

　　就算沒遺傳到他對青蛙的熱情，我也承繼了他對酸的愛。我有濫用「鄉村時光」（Country Time）牌檸檬汁粉的傾向。我會直接從罐子裡挖來吃，用我乾淨程度可疑的手指當挖粉工具。撇開你對不知情的大人可能會用這罐遭汙染的飲料粉來調製夏日飲品的作嘔感不提，只要跟著我：好好欣賞那日復一日在無人注意時，把我吸引到安全、漆黑食櫥去的「酸甜美妙之舌上衝擊」就好。不必為70年代的鑰匙兒童覺得難過——我們忙著調皮搗蛋，根

本沒空自憐。

如果家裡的存貨用完了，我會走半哩路到我奶奶家，奶奶會在廚房裡，手握便宜的鋸齒水果刀，在流理臺附的砧板上切檸檬，經過多年使用，這塊 1/4 英吋厚的木砧板已經變形又不穩。她會小心把檸檬切成圓片，準備放進那只森林綠的雕花玻璃冰茶壺，「你知道，」她的老故事即將重複第 50 遍，「你爸爸以前會在嘴裡直接吸檸檬。」

並非所有的酸都一模一樣

烹飪迷思常讓我恨得牙癢癢的：大家深信不疑、都覺得油醋醬中脂肪和酸的比例應該是 3：1，這就是其中一種迷思。其實，你用的是哪一種酸會影響到這個比例。每種醋的醋酸含量都大不相同。日本米醋可以低到 4%；蘋果醋通常在 5% 左右；葡萄酒醋可以高達約 7%。檸檬汁或萊姆汁裡的酸是檸檬酸，不是醋酸，酸鹼值會稍微低一點。說 3：1 是很好記，卻把問題過度簡化，沒有考慮到酸也有不同的種類，而且每種酸的酸度也不一樣。此外，可以拿來做油醋醬的酸味食材種類實在是太多了。

無論你最後做油醋醬是用哪一種酸——檸檬？白酒醋？或者是都有用上？請用自己的感覺去判斷完美的比例。如果醬汁太油膩、油脂包住了你的嘴唇，那就是太油了。如果你被嗆到、酸的刺激感讓你皺眉，那就是太酸了。比例完美的油醋醬會油得剛好讓嘴唇覆上一層薄薄的油脂，又酸得有清新明亮的感覺，讓人不自覺微微增加口水的泌量。

實驗時間

目的：了解酸如何解膩、並為沙拉增添鮮明與活潑感。

綠莎莎醬（salsa verde）指的可以是一種以黏果酸漿（tomatillos）和香菜為基底的墨西哥式綠莎莎醬；也可以是一種以香草、續隨子、橄欖油和大蒜製作的義式青醬。以下是我的義式綠莎莎醬版本，這種醬幾乎搭什麼東西都超好吃，但配烤肉、魚、茄子、豆子和馬鈴薯特別棒。用來當第93頁的白腰豆與烤菊苣溫沙拉的醬汁也很讚。就跟其他的食譜實驗一樣，我會請你一邊慢慢加材料、同時不斷嘗味道。若有意試試看，不妨每一階段都額外留一小口的量來當對照組，方便之後回頭檢視風味是如何慢慢堆疊與改變的。

義式綠莎莎醬　1杯

- 1杯裝得鬆鬆的、大致切碎的荷蘭芹（莖也可以使用）
- 1/2杯特級初榨橄欖油，多準備一點備用
- 1條中等大小或2條小油漬鯷魚
- 1小瓣大蒜，大致切碎
- 2小匙葡萄乾或桑塔無籽葡萄乾
- 5顆烤過的整粒杏仁
- 1/4小匙紅辣椒片
- 1/4小匙細海鹽
- 1小匙續隨子
- 2到3大匙雪莉酒醋

1　放前八種材料（除續隨子和醋以外都要）進果汁機或食物調理器中，打成鮮豔的綠泥狀，如果容器裡因液體不夠而打不動，就多加些橄欖油，每次1大匙，直到果汁機順利運轉為止。

2　嘗嘗打出的蔬菜泥的味道，寫下嘴唇的感覺。你會如何描述這道菜的活力：有土味且厚重？中性而平衡？還是明亮、輕盈、活潑？

　　貝琪說：好消息是你應該好幾天都不用擦護唇膏了，我敢說你的嘴唇現在一定油膩得要命。我們都喜歡油脂，但好

東西過多了其實一點也不好，而且這個階段的綠莎莎醬沉重、濃郁又死氣沉沉。橄欖油雖然具有酸味，但太少了、不足以平衡油膩感。

3 好囉，加點酸的時候到了！先從續隨子開始。這種跨界食材會鹹也會酸（甚至帶有一點鮮味）。把續隨子加進處理器中攪打，用橡皮刮刀把鮮亮的綠泥刮進碗裡，再嘗嘗味道。

貝琪說：加了續隨子後，鹽量會大增，就像第二章討論過的，可能會掩蓋掉橄欖油的苦味。續隨子的酸可能也會降低油膩感，但幅度不大，因為續隨子用量很少。你應該還是會感到油脂的油膩與厚重，只是稍不那麼油而已。

4 現在加入兩大匙雪莉酒醋攪拌均勻，再嘗嘗看。寫下你的想法，注意嘴唇的感覺，你會如何描述土味或明亮感？還有，會不會覺得喉嚨癢癢的？口中有分泌唾液嗎？

貝琪說：雖然說雪莉酒醋的土味比蒸餾白醋之類的更重，但依然能夠平衡油脂味，帶起醬汁的活力，創造出之前沒有的平衡。綠莎莎醬是一種沾醬，但也常被當沙拉醬汁用，而好的沙拉醬汁必須既鮮明又有酸度，才能幫忙清味蕾。這個醬嘗起來會膩嗎？還是讓你覺得開胃？你應該已經發現它味道明亮、清新，而且還挺繁複的，單獨吃或許略酸（但加在沙拉裡就不會了）。如果你還是覺得嘴唇很油，再多加一點醋，每次一小匙，直到濃郁與明亮感之間達成美妙平衡為止。

鮭魚佐味噌油醋醬配麻香烤蔬菜　4人份

我把這份食譜放在酸味的章節中，是因為這種油醋醬有來自優格和德國酸菜的雙重酸味，加了味噌之後，創造出一種圓潤又清新的驚喜感，剛好抵銷了鮭魚肉的濃厚。好處是這道菜還帶有健康的益生菌。小建議：先不要告訴你這頓飯招待的親朋好友醬汁裡有什麼，不妨讓他們猜猜看。

烤蔬菜部分：

- 1大顆沒去皮的地瓜，切成大丁
- 1大棵新鮮球莖茴香，斜切成1/4吋寬的絲
- 1棵韭蔥，只取白色和淺綠色部分，切成寬1/4吋（約0.6公分）的圈狀
- 1杯粗略切過的紫高麗菜
- 1大匙烤芝麻油
- 1大匙調味米醋
- 2小匙魚露
- 1/2小匙辣椒片
- 1/4小匙細海鹽

味噌油醋醬部分：

- 1/2杯德國酸菜（要用綠高麗菜做的酸菜，不要用紫高麗菜）
- 1/2杯特級初榨橄欖油
- 1/4杯全脂希臘優格
- 1/4杯水
- 2大匙白味噌
- 2小匙醬油

鮭魚部分：

- 1大匙耐高溫的油，如酪梨油，或是耐高溫的脂肪，如無水奶油
- 1磅（約450公克）野生鮭魚，連皮，切成4塊（各4盎司，約113公克）
- 1/2小匙細海鹽
- 2小匙辣椒油（見附註），裝飾用（可省略）

1　做烤蔬菜時，先以華氏400度（攝氏200度）預熱烤箱，在烤盤上鋪一層烘焙紙。在大碗中放入蔬菜，加芝麻油、米

醋、魚露、辣椒片和鹽拋甩一下。再把蔬菜倒進烤盤中，烤 20-25分鐘，烤到一半時要翻動，直到蔬菜烤軟、有些地方 出現焦痕為止。

2 烤蔬菜的同時製作油醋醬。把所有材料放進果汁機，以瞬轉 功能攪打至滑順。多的油醋醬可用保鮮盒裝起來，放冰箱可 保存兩週。

3 處理鮭魚，用不沾鍋（我喜歡用開過鍋的鑄鐵鍋）大火熱 油。用鹽幫鮭魚調味，魚皮朝下入鍋，輕壓魚肉讓魚皮酥 脆。看我示範這種技巧，請至bit.ly/2p9WzbB。幾分鐘之 後，檢查魚皮是否酥脆，然後把魚翻面。把煎鍋放在烤箱 中層，烤到鮭魚中心三分熟（華氏125-130度，攝氏52-55 度），也可以繼續放在爐子上以中小火慢慢煎。

4 把鮭魚疊放在烤蔬菜上，每個餐盤邊緣灑上兩、三大匙的油 醋醬，用幾滴辣椒油裝飾後上菜。

註：若想在家自製辣椒油，可取小鍋以中火加熱，在裡面放一 杯花生油和三到五大匙的辣椒片（看你想要多辣）。把油 燒熱到探針式溫度計顯示為華氏300度（攝氏149度）。 關火，小心別吸進油氣了！等油降溫到華氏250度（攝氏 121度），再加進一大匙烤芝麻油。濾渣後放進密封容器， 冰在冰箱裡保存，可以放好幾個月。

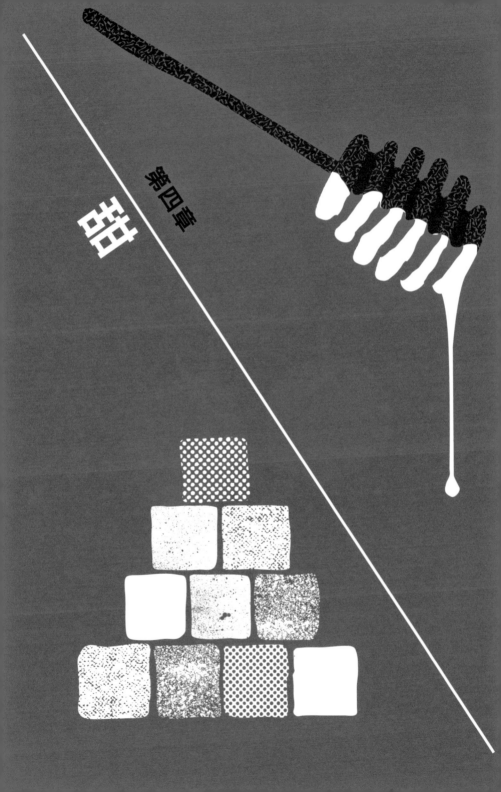

第四章

甜

演化讓我們成為天生的覓糖高手。在大自然裡，糖簡直是替熱量大打廣告的霓虹招牌。只要有糖，就有能量，最會找糖的人就能活得更好、更久，再把自己的基因傳給下一代覓糖高手。在現代世界裡，我們找糖的本事更厲害了。事實上，有成堆現成的糖，根本不必靠辛苦的狩獵和採集。相較之下，我們對這玩意兒其實不像對苦和酸的物質那樣敏感。蔗糖溶液濃度為 1/200 的時候我們才能辨識出糖的存在。但相對來說，溶液中只要有 1/2,000,000 的奎寧我們就能辨識出來——奎寧是在金雞納樹皮中發現的苦味生物鹼，可做成通寧水。適量的糖是人類賴以維生的條件。苦味則會讓我們打住並自問：如果把這東西吃下去，會不會害死自己（欲深入了解請見第六章）。

甜的基礎班

糖是一種調味劑（flavorant），就跟鹽一樣，能增添食物的風味，卻又沒有屬於自己的風味（以精製砂糖來說）會跑進料理中。當你做出一道在舌頭味覺上從前、中到最後都很一致的菜餚，也有綿長的尾韻，那麼鹽的分量就是對的。如果還運用了酸味，令風味變得活潑、又能解油膩，那這道菜已是難能可貴。但如果還是覺得少了點什麼呢？這時，就該來一點甜味，把其他所有風味都襯托出來。就好比你或許沒想過在甜點裡可加一小撮鹽（還真應該這麼做！），其實反過來說，利用少許的甜——或用熱把天然的糖分焦糖化——來改善鹹的菜餚，就是種簡單又好用的法寶，我推薦各位可以、也該善用。

甜味劑的種類繁多，從最基本的糖漿；到複雜、呈塊狀且富含糖蜜的棕櫚糖；再到人造的人工甘味劑，這之間還有許多種不同的糖（我在56-57頁把自己最喜歡用的糖列了出來）。可以這麼說，無論是哪種糖，都能啟動人體的甜味受器，把菜餚的味道平衡推往甜蜜的方向。

因甜味而受益的食物

- 有野味或臭味的食物。不妨想想淋了少許蜂蜜的藍紋乳酪、橙汁鴨、羊肉咖哩搭配肉桂和焦糖化的洋蔥。

- 酸味菜色。義大利肉醬裡的一小撮糖是最經典的例子，用來平衡甜味不夠的酸番茄，或單純用於凸顯醬汁的風味。

- 苦味食物。菊苣苦得跟什麼一樣，加鹽可以讓菊苣吃起來沒那麼苦。但讓菊苣焦糖化，再淋上少許蜂蜜或酸酸甜甜的巴薩米克醋，也是很棒的選擇。

- 鹹味食物。我們已經知道少許的鹽能提高對甜味的感知。但如果某樣東西真的很鹹，除了提高酸度以外，也可以加些甜的東西。想一想上面放了焦糖化洋蔥那鹹鹹的佛卡夏麵包，聽起來很棒吧？火腿加少許無花果醬和熟度完美的哈密瓜？太美妙了。而且，我知道不是只有我這樣想——何不用鹹鹹的薯條沾巧克力奶昔吃吃看？

趣味小知識 12盎司（354毫升）的普通可樂含有超過3大匙的糖（39公克）。我們都知道糖會讓人上癮，而且可口可樂公司也夠聰明（夠邪惡？），會在他們的產品裡用高酸度來抵銷甜味，掩蓋真正的含糖量。可樂喝起來是甜的，但又不會甜到太噁心、讓成年人產生排斥

感。同樣的，冷的飲料喝起來比較不甜，所以可樂裡的糖之所以多，因為本來就是要讓消費大眾在冰涼時飲用。如果你喝過溫的可樂，可能會注意到味道比較甜（而且還會覺得有點難喝）。

換糖用用看

也許你會認為，做菜時可以直接把某一種糖任意換成另外一種，就跟用鹽的時候一樣，但不同的糖為料理帶來的其實不只是甜味而已。只有砂糖提供的是沒有香氣的純粹甜味（呃，高果糖玉米糖漿也是，但你不太可能用它來做料理）。其他所有的糖，都會因為本身的特質而影響到菜餚的風味平衡。想想看，花香味非常濃的蜂蜜會讓做出來的蛋糕多了些什麼？還有，用葡萄乾當甜味劑，可能會對質地與風味造成什麼影響？題外話：你這輩子一定要找機會嘗看看黑紫樹蜜（Tupelo honey，亦譯為圖珀洛蜜），非常神奇：有伯爵茶香和花香，不會太甜，帶有微微的柑橘味，味道非常澄淨。

你或許會思考能不能用人工甘味劑，儘管我很懷念繼母總是先用手指頭敲一敲、再加進低因咖啡的粉紅包裝「纖而樂」代糖（Sweet'N Low），但我並不推薦。人工甘味劑可能、也可能不會對人體有害[11]。但就以跟本書比較有關的角度而言，大多數人會覺得人工甘味劑的味道怪怪的，有難以掩蓋的苦味或金屬餘味。顯然有許多糖尿病患者仰賴人工甘味劑，以此滿足

11. Holly Strawbridge, "Artificial Sweeteners: Sugar-Free, But At What Cost?" *Harvard Health Blog* (blog), July 16, 2012, www .health.harvard.edu/blogartificial-sweeteners-sugar-free-but-at-what-cost-201207165030.

對甜味的渴望，市面上存在這些替代選項固然值得慶幸，但一般來說我會避免使用。

甜味劑簡表

黑糖：許多人不知道黑糖其實就是加了糖蜜的砂糖，可讓糖的顏色比較深、風味也稍微繁複一點。顏色較淡的黑糖，加的糖蜜比深色的黑糖少。

椰糖：椰糖的精製程度不如砂糖，是以椰子樹花苞流出的樹液製成。味道和黑糖很像。

德麥拉拉蔗糖（Demerara sugar，又稱金砂糖）：這是一種部分精製、顆粒比較粗的蔗糖，使用這種糖是取其焦糖般的天然風味，還有脆硬的顆粒口感。通常是用於最後裝飾，為甜點帶來口感和甜味，例如厚皮水果派（cobber，一種只有表面蓋上酥皮的甜點）或餅乾上的糖粒。

蜂蜜：蜂蜜的風味非常多樣，蜜蜂從多少種植物採集花粉，就有多少種不同風味的蜂蜜，所以不能一概而論來談蜂蜜。蜂蜜的風味愈強烈，就愈難用來取代砂糖。

楓糖漿：楓糖漿是用樹液做的，從色澤金黃、味道細緻到顏色深濃、味道強烈的都有。這是用於豬肉或印度南瓜（winter squashes）的完美甜味劑，也很適合在做燉烤豆時搭配深色黑糖一起用。

粗製黑糖（Muscovado）：這是一種經過部分精煉的蔗糖，有強烈的糖蜜風味。很適合加進咖啡，或用來做薑餅。

棕櫚糖：東南亞料理使用的棕櫚糖是以棕櫚樹的花朵汁液做成，有微微的焦香味及溫和的楓糖風味。

墨西哥蔗糖錐「皮隆西里歐」（Piloncillo）：這種未精製的全蔗糖在墨西哥有很多人用，通常用來做墨西哥莫雷醬（mole，又名「混醬」）、湯和莎莎醬。這種糖有濃烈怡人的煙燻糖蜜風味，和亞洲料理中所使用的石蜜（jaggery）很類似，兩種東西互相替換也行。

甜菊：甜菊是一種非常甜的香草，但精製過後會有很強烈的餘味。我自己不使用也不推薦。

半精製天然蔗糖「蘇肯納糖」（Sucanat）：是一種精製程度較低的糖，跟其他蔗糖相比，糖蜜比例較高。味道濃，有烘烤過的焦香。

粗製蔗糖「特比那多」（Turbinado）：一種粗製的蔗糖，取自第一道壓榨的甘蔗汁，保有天然的糖蜜。可取代烘焙食品中的黑糖，不過水分會稍嫌不足，因為黑糖的含水量比較高。但是只要加一滴糖蜜或蜂蜜就能解決過乾的問題。

我做菜時盡量會使用天然形成的糖，並少用精煉糖，不過也不是完全不能變通。我會烤蔬菜，讓蔬菜焦糖化，並運用水果和本身就有甜味的醋，如巴薩米克醋，最後才會選擇砂糖。如果一道菜裡用水果或巴薩米克醋會很怪的話，我會加點蜂蜜或楓糖漿。畢竟對你的身體來說，糖就是糖；但蜂蜜有芳香的特性，又含抗氧化物，精製糖可沒有。烘焙的時候，我喜歡用各種不同的糖，為成品增添深度。一旦你拋開砂糖、大膽多方嘗試，就能盡情探索風味特色更加多元豐富的甜蜜世界。

加甜不加糖

若想利用天然風味與材料本身的特性，以滿足對甜的渴望且／或為一道菜提供平衡，以下是一些選擇：

- 運用會讓你想到甜甜東西的香味，例如香草、不甜的可可粉，還有肉桂。撒一點可可粉或肉桂粉在咖啡上，可以欺騙味覺，讓人相信咖啡變甜了。你聞到肉桂的味道就想到肉桂捲，再喝一口咖啡，會覺得咖啡也變甜。
- 利用天然的甜味食材，如椰奶、椰棗，或原味優格、鮮奶油之類的乳製品，還有葡萄乾（我就用在第47頁的義式綠莎莎醬食譜裡）。

糖是一種防腐劑（不過對你的牙齒就不好說了），因為糖貪婪愛水，也就是說，糖可以把微生物細胞中的水分吸出來，使微生物脫水死亡。所以含糖量高的果醬放冷藏、裝罐常溫保存或冷凍，都不會有太大問題（不過你還是要注意看有沒有發霉）。

- 多加一點點鹽，放大對菜餚中甜味的感知。可以把柳橙切丁、分裝成兩碗，親自測試看看這個理論：其中一碗加入非常少量的鹽，攪拌均勻後比較兩碗柳橙的差別。加了鹽的柳橙吃起來應該不會鹹——而且會明顯比對照組更甜。
- 烤蔬菜，以帶出更多蔬菜的甜味，或在菜餚中加入焦糖化的洋蔥。

梅納反應與焦糖化

梅納反應是胺基酸（蛋白質）和碳水化合物分子在碰到熱的時候所發生的反應，會製造出幾百種新的風味分子。梅納反應也是烤肉、酥脆的麵包外皮、烘咖啡豆（是的，咖啡裡也有一些蛋白質！）、黑啤酒，還有其他諸多美食的風味成因。韃靼牛肉（生的）和烤肋眼牛排的風味為什麼不一樣？就是梅納反應！你問我白麵包跟烤吐司的差別？正是梅納反應！

焦糖化則是不相同、也沒那麼複雜的另一種過程，發生在糖褐變（browning）的時候。比方說，在烤蔬菜的時候，蔬菜中的天然糖分會歷經不可思議的轉變——尤其是略帶苦味的蔬菜如青花菜、球芽甘藍和蕪菁——而使蔬菜變得更甜、堅果味更濃、焦香味更濃、風味也更多元。這也是食物科學之王哈洛·馬基（Harold McGee）就這件事所說的：「這就是最重要的烹飪魔法：熱能把一種沒有氣味、沒有顏色、只有甜味的分子，轉變成幾百種不同的分子，有些帶有芬芳；有些則是味美；還有一些是有顏色。」

想想看砂糖的風味。那是一種單調、直接的甜。在這輛甜味列車上，沒有其他風味搭便車。現在，把同樣這種糖放進平底鍋、開火，加少許的水，搖動鍋子讓糖融化。看糖從白色

變成透明再變成淺褐色、琥珀色，直到最後成為濃郁的深琥珀色。冷卻之後，先聞一聞、再嘗嘗看。原始的材料已華麗變身，呆板的甜味盛開、變得深邃，成為微苦、焦香、帶有煙燻味的繁複風味。怎麼可能是同一種原料？這就是焦糖化的魔力。

為什麼最後才上甜點？

　　為什麼許多文化都是用甜食來為一頓飯收尾？關於這個問題理論還挺多的。我們就從17世紀的歐洲開始談起吧。拜好客至極的文化所賜，如果有客人離開派對時不滿意或餓著肚子，對主人來說都是很丟臉的。但在經歷幾小時的娛樂服務馬拉松之後，疲憊的員工真的都很想走人了。端上預先做好的甜點，就是為餐宴的結束定了調：既是錦上添花，也確保沒有人的口腹之欲是未獲滿足地離開。英文的甜點一詞dessert，源自古法文desservir，意思就是「把桌子清乾淨」。

　　科學界對這件事則有不同的看法：挪威學者發現，攝取一些糖會傳訊號給你塞滿的胃，告訴胃要放鬆，只要再多容納一點點食物進去就好 [12]。如果你有小孩，千萬別告訴他下面這段話：科學其實是幫每個明明正餐吃不完，卻說自己的胃還有空間可以吃甜點的小孩背書的。咬一小口蛋糕就能打開夠大的空間，令人足以吃完一整塊。

---

12. Feris Jabr, "How Sugar and Fat Trick the Brain into Wanting More Food," *Scientific American*, January, 1, 2016, http://www .scientificamerican.com/article/how-sugar-and-fat-trick-the-brain-into-wanting-more-food/.

糖增添的不只是甜蜜

　　我知道自己很想把烘焙點心中的糖都減量，想像著布朗尼有可能讓我做成近乎健康的食物。但你在烘焙的時候，一定要抗拒隨意亂改糖量的衝動，因為這會造成意外的後果。烘焙時，不能直接省略、或一時興起而隨便亂改食譜要求的材料。也正因如此，糕點師傅通常總是中規中矩，而鹹食主廚則根本是無政府主義者。道理很簡單，你要是偏離標示清楚的食譜太遠，就很可能烤出大災難。烘焙點心裡放的糖，不但增添了甜味，還有以下功能：

1 做為安定劑。做蛋白霜馬林糖（meringue）的時候，要把空氣打進蛋白裡，蛋白中的蛋白質會形成一層薄薄的框架基礎，支撐著空氣泡。糖會維持這些空氣泡泡的穩定，讓你比較不容易把蛋白打到過度發泡。糖同時也是蛋白霜的建築工程師，能避免結構崩垮。糖溶解在泡泡壁的水分中，會形成一種有支撐作用的保護糖漿。

2 提供質地。例子有粗製蔗糖「特比納多」、德麥拉拉糖（更多資訊請參考第十章）。此外，當食物在烤箱中烘烤時，水分會從表面蒸發、使得糖再度結晶，產生脆硬的口感，如馬芬蛋糕酥脆易碎的表層、還有布朗尼蛋糕表面會被我挑起來吃的那層脆皮（拜託！那個最好吃了）。

3 讓甜點濕潤柔軟。糖是親水性的，這是一種形容糖「真的很愛水分」的花俏說法。若是含糖量不足，甜點裡的水分就會統統說「掰掰～」了，也就是說，水和糖是兩兩相繫、缺一不可的。也因為糖和水你儂我儂，如果麵糊裡的糖不夠多，

蛋白質和複合性澱粉就會貪婪地爭奪水分。麩質需要水才能造就好的烘焙成品。你想吃質地跟貝果一樣的甜甜圈嗎？只要減少食譜說的糖量就行了。

4　做為膨鬆劑。糖會進入油脂、蛋和其他液體形成的混合材料中，並產生幾千顆微小的氣泡。這些泡泡會膨脹、讓要烘焙的東西鼓脹起來。沒了這些泡泡，就準備迎接悲慘、扁塌、任性的餅乾吧。可憐的悲慘、扁塌、任性的餅乾……

5　有助褐變，並透過焦糖化讓風味發展得更深邃。不妨想想包裝袋裡拿出的棉花糖，和烤過的棉花糖風味有什麼不同？

那如果把砂糖之類的「固體」糖，換成像楓糖漿或蜂蜜之類的液體糖呢？可能會有點棘手。這樣替換不只會讓風味大變，而且楓糖漿和蜂蜜都比砂糖還甜，所以需要的量會變少。以一杯分量的砂糖來說，只需要換成1/2杯到3/4杯的蜂蜜或楓糖漿就夠了。同時也務必記住，這麼做還會加入食譜原先未計算到的液體進去，所以必須按照替代甜味劑的比例，減少食譜中其他液體的用量——粗略估計是要減去所加甜味劑分量25%的液體。此外，蜂蜜和楓糖漿呈弱酸性，所以會需要加一點（或稍多）小蘇打粉來中和。還有，蜂蜜和楓糖漿焦糖化的速度比砂糖更快，烤箱溫度因而必須視情況降低。你問我為什麼覺得除非是糕餅專家，不然對烘焙食譜還是不要有太多意見為妙——原因應該挺清楚了吧？

警語：如果你熱愛烘焙，想玩玩看食譜，那就該深入了解烘焙的化學原理。我在第222頁的文獻出處裡列了一些非常棒的書單。如果這一大段關於烘焙的討論——還有務必精準測量材料，以及不要任意更動食譜的告誡——害你覺得焦慮不已的

話，歡迎加入我們鹹食主廚的叛逆行列。我們最自豪的就是即興發揮的本事了。

如何補救過甜的菜餚

1　加量或稀釋：把甜味分散到更大量的食材中。加水、加更多肉，或加更多蔬菜。

2　加酸抵銷甜味。在地瓜湯或羅宋湯中加一點酸奶油或優格（兩個都是酸的）。如果你不希望菜餚中出現風味濃重的酸，可以用蒸餾白醋或檸檬酸（很多商店都買得到散裝的）。

3　加辣，如辣椒或其他辛辣的食材（請參考第九章找靈感）。甜和辣會互相平衡。

4　加入油脂，可包覆味蕾並抑制對甜味的感知。

5　不要再加更多的鹽，因為鹽會強化對甜味的感知。

我叫貝琪，我嗜糖成癮

　　糖把你困在那甜蜜、令人上癮的懷抱裡了嗎？並不是只有你這樣。我和同事兼好友甜蜜‧賽提博士（Dr. Tanmeet Sethi）一起開了名叫「以食為藥」的課程。賽提博士是在西雅圖的「瑞典家庭醫學住院醫師計畫」中受訓的家醫。有個共同朋友牽線引介後，這兩個人很快就發現：我想當醫生而她想當主廚。她是住院醫師計畫中「整合醫學訓練」的創辦人暨主任，她透過這個訓練制度，教導醫師思考營養和身心醫學和其他許多事情，也應將其納入整體基礎照護的實務操作中。

　　除此以外，她也協助我對抗自己對糖的癮頭。以下是基本概念：我——說戒就戒，禁糖十天。她的計畫不像其他某些人的那麼嚴格，在她的版本中，可以吃水果、喝點小酒，因為她

希望你真的戒成功，並也應體認到人類並非機器人。最神奇的是，等你過了十天咖啡不加糖、不吃糕餅或加工食品、不喝汽水或果汁、不吃糖果的日子之後，這時再吃一片餅乾，突然間你會發現這塊餅乾甜得離譜、甜得可怕。現在，舌上的新味蕾對甜味超級敏感，就因為你沒有天天讓它沐浴在甜的東西裡。這就是重新看待一個人和糖之間失衡關係的關鍵時刻。

一結束這段禁糖期，我用一片巧克力豆餅乾慶祝（是為了測試我的味蕾啦），然後發生了一件在巧克力豆餅乾和我之間前所未有、很神奇的事。我吃了半塊餅乾，慢慢地吃，然後小心把另外一半包起來，這麼做是因為──我到現在還無法相信──要留到晚點再吃。祕訣就是不要立刻把注意力轉回一堆糕餅點心上，又毀了這些新生味蕾的純潔與無瑕。如果你太軟弱，屈服於生命中每個轉角處冒出來的甜蜜誘惑，那你的人生會怎麼樣？等我吃完這袋小熊軟糖，再寫出來告訴你。

葡萄酒的搭配和甜味

我向吾友：侍酒大師愛蜜莉・懷恩斯（Emily Wines，是不是？我知道，她天生就是要走這一行啊〔譯註：wine 意為葡萄酒〕）請益，希望她能指點一二：什麼時候該送上甜的葡萄酒、什麼時候又應該送上不太甜的？搭配非常香辣的食物時，糖可以分散味蕾的注意力，所以在熱辣辣的大餐中，偏甜的葡萄酒會是美味的紓緩劑。「這種痛苦並快樂著的感受，」懷恩斯說，「就是有那麼多又甜又辣的菜餚流行的原因。」所以，如果你在吃辣度五顆星的泰式咖哩，微甜、酒精度低的麗絲玲（Riesling）白酒就會是很好的佐餐酒；那股甜味和香氣能讓著火的味覺分散注意力，也能安撫味覺。（想知道為什麼酒精度

高的葡萄酒會讓人覺得更辣，請見198頁）。侍酒大師克里斯·坦格（Chris Tanghe）補充說：「你一定要讓葡萄酒比你吃的東西更甜，至少也要一樣甜。」如果用不甜的葡萄酒搭配甜點，食物裡的甜味就會讓酒的水果香變得不明顯，顯得單調、酸、淡，或者說是薄。

實驗時間

目的：示範鹽和香味如何讓苦咖啡顯得甜，但其實根本沒加任何甜味。

所需材料：三個馬克杯、12盎司（355毫升）的深焙濃黑咖啡、1/4小匙原味可可粉，1/4小匙肉桂粉、香草精、細海鹽，還需要一位不知情的夥伴。

做法：將咖啡平均倒入三個馬克杯中，不能讓你的夥伴看到。第一杯什麼都不加——這是控制組。在第二個馬克杯裡加入以下材料、攪拌均勻：1/4小匙原味可可粉、1/4小匙肉桂粉、一至兩滴的香草精。在第三個馬克杯中則加一小撮鹽，攪拌均勻。讓夥伴逐一試喝，然後請他按照甜度排列，猜猜看其中哪一杯加了糖。

貝琪說：如果受測者分不出第一杯和第三杯的差別，就多加一點點鹽，再請他喝喝看。這麼做是要讓咖啡的苦味降低，但喝起來又不會鹹。（要確定他們沒有看到你動手腳。）

蜂蜜大黃百里香果醬 約1杯

大黃是一種酸溜溜的蔬菜，理論上根本不是水果，但會在早春時節上市。我們這些生活在北方氣候區的人，實在是瘋狂渴望著水果，於是便把水果的標籤硬貼在大黃上，再倒個一卡車的糖進去，把大黃變得美味可口。我愛大黃，但說老實話吧：沒有糖，根本就沒人會靠近這玩意兒，就連它的葉子都有毒。然而如果平衡得當，大黃果醬或大黃派的甜和酸非但不會互相較勁，反而能彼此幫襯，創造出感官上的衝擊。運用這款果醬的方式很多：可以拌優格、在上面撒上開心果；也能搭配各種新鮮在地產的乳酪；或是搭配切片的冷鴨胸。另外，配芥末淋醬烤豬里肌也很不錯。

- 3杯大黃，切成中等大小的丁狀（約需3根大黃莖）
- 1/3杯白酒或香檳醋
- 1/4杯深色黑糖
- 2大匙蜂蜜
- 1大匙現磨薑泥
- 1大匙新鮮百里香，剁碎
- 1根肉桂棒
- 1小匙檸檬皮碎絲
- 1/2小匙細海鹽
- 轉10下的現磨黑胡椒

1 將所有材料放進平底鍋中，煮至沸騰，然後轉小火熬煮，不時攪拌，煮約30分鐘，或直到變濃稠為止。挑掉肉桂棒，待果醬徹底涼透後倒進有蓋的罐子，放進冰箱冷藏，準備上桌使用時再拿出來。這款果醬放冰箱可以保存兩週，放冷凍可保存六個月，或者，如果你喜歡自製罐頭，就可以保存更久更久。

碎可可豆與巧克力塊餅乾　約3打餅乾

這絕對是大人款的餅乾（也是我最喜歡的餅乾之一）——甜味和巧克力與碎可可豆的苦味達到完美的平衡。撒上一點德麥拉拉糖和馬爾頓牌海鹽，就成了造就理想的甜鹹酥脆口味的最後加工。在此我要舉起主廚刀，向美食作家羅娜‧伊（Lorna Yee）致敬，謝謝她給我靈感。

- 1杯（2條）無鹽奶油，室溫
- 1杯壓實的深色黑糖
- 1/2杯德麥拉拉糖，另備少許，可撒在餅乾上
- 1/4杯砂糖
- 2顆大的蛋
- 1大匙香草精
- 1/2大匙猶太鹽

- 1小匙新鮮現磨肉桂粉
- 1小匙小蘇打
- 2杯中筋麵粉
- 1杯全麥點心麵粉
- 12盎司（340公克）70%的苦甜巧克力，大致切碎
- 2大匙碎可可豆
- 馬爾頓鹽，最後撒在餅乾上用

1　烤箱預熱至華氏350度（約攝氏177度）。

2　用直立式攪拌器把三種糖和奶油一起打至輕盈蓬鬆，大概需要三分鐘。加蛋、香草、鹽、肉桂粉和小蘇打粉，以低速攪拌約30秒。繼續以低速攪拌，慢慢加入麵粉，再用手拌入巧克力碎塊和碎可可豆。

3　每塊餅乾的量約為尖的一大匙麵糊，把麵糊用湯匙放在鋪了烘焙紙的烤盤上，每團麵糊之間要留約2英吋（5公分）距離（不要壓平）。喜歡的話可以撒一點德麥拉拉糖和幾顆馬爾頓鹽結晶在上面。烤剛好12分鐘。餅乾或許會顯得不夠熟或太軟，但冷卻之後就會定型。等一分鐘後再移到冷卻架上，要放到徹底涼透（前提是這段時間你要忍得住不吃）。

第五章

油脂

　　一九八○年代是美國飲食史的黑暗時代——是個乾巴巴的年代，毫不誇張。我們避開油脂，不是因為油脂很貴、我們很窮，而是因為「吃油長油」[13]的錯誤認知。我們花了好一段時間才願意放下冰牛奶，接受這個科學事實：把油脂排除在日常飲食以外，在最糟糕的狀況下是會致命的，同時也過度簡化了科學研究的成果。大量的糖取代了油脂：加工食品公司發的是財，美國發的是胖。為《哈佛公共衛生》雜誌（*Harvard Public Health*）供稿的芭芭拉・莫倫（Barbara Moran）說：「那是一段猖狂、快樂又『無油無慮』的飲食狂潮——也是場公共衛生的災難。」

　　那些年的我還是個年輕、容易受人影響的青少年。我曾經歷過「食物」產品以「脫脂」、「半對半」為號召的混淆與神祕時期。我不確定那段時間自己有多「快樂」，因為我們太用力批評糖，卻忘了關心自己的心情。如果在那十年間你是自己下廚的成年人，我敢打賭，你一定從那時起就忙著要擺脫那些無油與低油、已經沒人要的食譜書。我很慶幸這段美國烹飪史的黑暗時代已經過去，有一件事情是現在大家都會同意的：**油脂真是優**（順帶一提，所有史奈克威爾斯〔SnackWell's〕的惡魔巧克力奶油三明治餅乾現在都不該有臉繼續存在這世界上〔譯註：因為原始配方中沒有使用油脂〕）。我是稍微誇張了一點，

13. Barbara Moran, "Is Butter Really Back? Clarifying the Facts on Fat," *Harvard Public Health*, Fall 2014, www.hsph.harvard.edu /magazine/magazine_article/is-butter-really-back.

但有數以百計的文章和書籍在講好油和壞油、還有低油和無油飲食，如果你曾走過這個年代，可能至今還在努力對抗過去媒體說要對油脂戒慎恐懼等等的觀念。

現在要說的才是真相：其實人類天生就會尋覓油脂，對抗這種本能很愚蠢。忘掉那些人云亦云吧。當美國人喝下呈現隱隱藍色的脫脂牛奶、吞下脫脂優格的時候，希臘人正沐浴在橄欖油與濃郁的全脂優格之中，結果還比我們長壽[14]。油脂是風味的關鍵之一。這不是說沒有油脂食物就一定不好吃。如果你一開始就使用優質、當季的食材，加上足夠的鹽去強調食物中的精華，或許再來一點點酸或甜，就足以得到好的結果。但這時若再多加一點點油脂，成果會接近超級讚。想像一顆品質真的很棒的蘋果，就說蜜脆蘋果（Honeycrisp）好了。你連皮咬下（皮裡有少許天然的鈉），立刻嘗到酸與甜的完美平衡——味道好爽口，真是顆好蘋果。你還記得瑞氏（Reese）的老廣告嗎？吃巧克力的男人撞上了吃花生醬的女子，結果創造出全世界最棒的糖果？不知道第一個把蘋果拿去沾焦糖的人是否覺得自己是天才。在沒有油脂的狀況下，食物可以很好吃——甚至非常、非常好吃。但非常讚？差得遠了。

油脂不只能讓食物變得很讚，甚至連聽起來都很讚。為了佐證油脂的重點在於質地，世界上還真的有一種名為摩擦計（tribometer）的機器，是可以量化測量口感的機器，有些還是用豬舌頭做的。另外還有一種名為「**摩擦聲學**」（acoustic tribology）的新型測試，是把非常非常小的迷你麥克風放進受

---

14. Dan Buettner, "The Island Where People Forget to Die," *The New York Times Magazine*, October 24, 2012, www.nytimes.com/2012/10/28/magazine/the-island-where-people-forget-to-die.html.

試者嘴裡、在門牙的後面。這些迷你麥克風能捕捉乳突（舌頭上的小突起）在舌頭摩擦上顎時產生的各種不同震動所發出的聲響。比方說，黑咖啡的聲音，聽起來就比加了鮮奶油的咖啡聲音更粗，而加了鮮奶油的咖啡聽起來則比較滑順細膩。我們尋覓油脂，是為了油中雙倍密集的熱量；但我們渴望油脂，卻是為了那美味、柔滑的質地。

油的基礎班

根據一項最近的研究，油脂是最新提出的基本味覺[15]。正如率領這項研究的科學家所建議的，可將這種味覺稱為oleogustus。這個英文詞彙源於拉丁文字根oleo，意思是「油油的」，而gustus指的則是「味道」，姑且稱作「油脂味」吧。不有趣的是，脂肪酸本身的味道並不怎麼討喜，參與研究的人一開始還說味道苦苦的，其實純粹只是它不太美味罷了。最後，研究人員還是確定了這是一種和苦味完全不同的味道。可以這麼說，單獨脂肪酸的味道或許不怎麼樣，但奶油和漢堡卻一定好吃。

除了是高密度的卡路里能量來源以外（每公克油脂可提供9大卡熱量，碳水化合物和蛋白質則是每公克4大卡），油對食物還有七大重要無比的影響：

1 油脂可溶解脂溶性分子，把風味帶著走。所以一道菜裡若沒有足夠的油脂，真的會無法品嘗到完整的風味特色。

2 油脂能造就好口感。脂肪質地上的這種特質，能讓食物的風

---

15. Cordelia A Running, Bruce A. Craig, Richard D. Mattes, "Oleogustus: The Unique Taste of Fat," *Chemical Senses*, 40, no 7 (2015): 507–516, doi: 10.1093/chemse/bjv036.

味停留得久一些。脂肪創造出令感官滿足的好味道,同時也改變了食物的質地。進入口腔的若是奶油加得不夠的奶油醬汁,最後會因此顯得稀薄,而且又因其中的酸而吃起來不順口;如果加了足量的奶油,醬汁就會細緻、濃郁又平衡。

3　油脂在乳化液(通常由互不相溶的兩種、或兩種以上之液體形成的混合物)中扮演了不可或缺的角色。若沒有油脂,世上就不會有美乃滋、荷蘭醬、白醬或冰淇淋之類的東西了。那樣的世界多悲慘啊!

4　油脂導熱的效果非常好。少了油脂,做烤蔬菜時不但會烤不均勻,也不會像加了一點鴨油或橄欖油的烤蔬菜那麼好吃。嗯～美味的鴨油啊。

5　油脂能避免食物沾鍋。在平底鍋裡有沒有倒一圈油差別,就在於你是會煎出漂漂亮亮的魚排,或是煎出緊巴鍋底不放、廚師必須出動一堆鍋鏟和夾子才撬得起來的破碎魚排。「可是我有一堆不沾鍋呀。」你也許會說。一般而言,我不推薦不沾鍋,因為不沾鍋不耐高熱,無法把食物封煎得很好。(我也不太信任讓鍋不沾食物的那種黑魔法,總覺得有點恐怖)。我只有一個不沾鍋,專門用來做煎蛋捲和法式薄餅,而且我很小心不要刮傷塗層。我比較喜歡用的是養得好的鑄鐵鍋,理由至少有100萬個(深入了解鑄鐵鍋的保養,請至:bit.ly/2pyukpp)。

6　其實油脂能掩飾一大堆烹調過度的問題。為什麼大家怕做魚類菜餚,就是因為犯錯的空間太小了。一塊肥滋滋卻稍微有點煎過頭的牛排?煎得不夠或煎過頭的培根?——其實還是非常、非常好吃。當溫度和時間失控時,油脂就是廚師的救星。

7　至於在烘焙中,油脂還能增加空氣(透過和糖一起攪拌或攪

打），或阻止麩質生成（可以想像某種輕盈、柔軟的派皮麵團），讓麵團「變酥」。

油脂的類別

烹飪用油脂包括各種飽和、多元不飽和和單元不飽和脂肪的組合。比方說，特級初榨橄欖油主要是單元不飽和脂肪，但其中有13%是飽和脂肪。

飽和脂肪在室溫時呈固體，較不容易酸敗。椰子油約有90%是飽和脂肪；奶油約有50%是飽和脂肪；豬油則約有39%是飽和脂肪。

多元不飽和脂肪在室溫時呈液狀，很容易酸敗（紅花油和葵花油）。

單元不飽和脂肪在室溫時呈液狀，酸敗傾向中等（酪梨油、芥花油、橄欖油和堅果油）。

油的替換

牛脂肪跟豬油可以彼此替換，而鴨油和雞油（schmaltz）的風味特色也很類似。各種堅果油則是都很獨特，但如果你沒有杏仁油，可試試看核桃油或榛果油。像酪梨油、花生油、紅花油、葵花油和芥花油等味道比較中性的油，絕對可以互相替換使用，因為這些油的風味都不重、甚至沒什麼風味。若是想取代奶油醬中的奶油，不管你聽到人家怎麼說，目前我是連稍微有點像的代替品都還沒找到。我曾在緊要關頭把果香濃郁的橄欖油打進醬汁（是真的用果汁機打），為醬汁帶來美好、但迥異的風味。

趣味小知識 當「人工代油蔗糖聚酯」（olestra）這種人工合成的氫化反式脂肪出現的時候，美國人遭受了慘痛教訓，才體認到「天下沒有白吃的午餐」。在味道方面，這種東西擁有油脂令人滿足的所有特性，但卻能通過人體而不留下任何卡路里。問題出在哪裡？這種物質會照自己想要的時間和速度通過人體（而且，還很順便地，把營養也一起帶走）。在90年代末期，如果你吃下一整罐品客洋芋片，後果可得自己承擔。

發煙點

發煙點是指油脂開始冒煙、燒焦的溫度。儘管每個看似狠角色的大廚都曾在電視上示範「把油加熱到冒煙」，但我實在非常不建議這種做法，因為這和油脂、你家的保險自付額、你的健康都大有關係。油脂一旦加熱到發煙點或更高的溫度，就會開始劣化，並產生所謂的自由基。那東西可會像60年代的「芝加哥八人組」一樣在你體內亂竄，製造騷亂和暴動。何況，真的可能著火（我是說油，不是你的身體）。

按照以下原則來判斷適合的烹調用油：

- 發煙點低且未濾過的油脂，包括胡桃油和昂貴的特級初榨橄欖油，適合用來做醬汁和菜餚的最後裝飾；奶油則適合用來做鍋底醬、裝飾技法中含蛋白質的膠汁，另外也可配麵包（嗯～美味的奶油）。

- 未精煉的亞麻子油發煙點是華氏225度（攝氏107度），非常、非常低，在它的多種用途以外，建議還可以拿來養鑄鐵鍋，做出類似玻璃的塗層。

- 中發煙點的油脂——如椰子油、橄欖油和奶油，可加進耐高溫的油裡，用於低到中溫的烹調。注意：儘管特級初榨橄欖油的發煙點偏低（華氏325-375度、攝氏163-190度），但「認真吃」網站（Serious Eats）的烹飪指導丹尼爾·克雷澤（Daniel Gritzer）卻找不到任何清楚指出橄欖油暴露在高溫下，會對健康產生不良影響的科學文獻。事實上，橄欖油似乎是在高溫下還能維持品質的例外[16]。

- 用發煙點高、精煉（過濾）過、或澄清過的脂肪，如印度酥油（ghee，亦稱為無水奶油、澄清奶油）、酪梨油和花生油等，來煎、炸食物。酪梨油的發煙點是華氏520度（攝氏271度）。不然也可以像之前提過的，避開廣為流傳、但沒有科學背書的建議，轉而用橄欖油來應對所有的烹飪需求。

酸敗

　　油脂開始劣化以後，就會變質，發出不好聞的霉味或蠟一般的氣味。我問過不少人變質的油脂聞起來是什麼味道，得到的答案從「去光水」、「石油」到「舊蠟燭」都有。對我來說，變質的油聞起來總像是玩很久的培樂多黏土。

　　氧、光和熱，是油脂「壞掉」的前幾大原因。拜託，請忍住衝動不要去好市多買超大罐的油，除非你打算在一個月內炸十隻火雞。我只會放少量的油在室溫下，方便隨時取用。備用的就放在又黑又冷的冰箱裡。橄欖油放冰箱中會凝固，要用的時候，只要把油拿出來、放在外面一小時左右，再倒出需要的

---

16. Daniel Gritzer, "Cooking With Olive Oil: Should You Fry and Sear in It or Not?" *Serious Eats* (blog), March 24, 2015, www.seriouseats.com/2015/03/cooking-with-olive-oil-faq-safety-flavor.html.

量就可以了。我也會把堅果和雜糧放在冰箱或冷凍庫裡，只有在量很少、很快就會用完的情況下才不這麼做。

熟悉了變質油脂的氣味和味道以後，自然而然你就會知道該如何確保食物味道是在最佳狀態。很少人能辨識出東西在走味過程中散發出來的氣味和風味，或者也辨別不出這些味道在自己做的菜裡有多明顯、多常出現——尤其是特殊的油品，如核桃油、麻油或亞麻子油；還有全麥麵粉和薄脆餅乾、堅果和雜糧。有一次我做了拌沙拉用的油醋醬，但等到準備擺盤時才嘗了一口。天啊，我當下真後悔沒有在用這瓶「新」橄欖油毀掉整道沙拉之前，先聞一聞。現在，每次要用油之前，我會偏執地一定要先聞聞看，以確定油還新鮮。請務必牢記，變質這種事情是漸進的，必須經過一段時間，油才會完全臭掉。你問我那瓶壞掉的油？八成是我忘了檢查上面的製造日期，而且／不然就是經銷商或雜貨店的儲存環境不好，也可能以上皆是。

如果你不知道酸敗聞起來是什麼味道，那就買一瓶特級初榨橄欖油，自己來試試看。記得檢查標籤，確定油是今年榨出來的，也要確定它沒有添加能避免酸敗的抗氧化劑，如BHA、BHT或維他命E——因為實驗效果會變差。剛買回來時就先聞聞看油的味道。請記住那乾淨、清爽的香氣。倒一點在有蓋的罐子裡，放在溫暖明亮的地方。油會開始慢慢壞掉。每個星期都去聞一下。你很快就會知道變質的油是什麼味道，雖不至於讓你立刻大病一場，但研究指出，長久下來這對健康也不好[17]。

---

17. J. Kanner, "Dietary Advanced Lipid Oxidation Endproducts Are Risk Factors to Human Health," *Molecular Nutrition and Food Research* 51, no 9 (2007): 1094–1101.

脂溶性分子

　　大部分的風味分子是疏水性的，聽起來好像是風味分子討厭水，事實上也的確是。但就我們探討料理的目的而言，可以說這些分子能夠溶解在油脂裡。把香草放進一鍋水裡煮高湯，理論上是很棒的點子，但直接把香草加進水裡 —— 而非油脂中 —— 這表示許多揮發性的芳香烴會蒸發到空氣中，你家會變得很香，但卻沒有保留住多少風味。若改用少許油和一顆洋蔥與這些香草拌炒一下，然後再加水做高湯？風味會大放異彩。

何時應該多加些油脂

1　如果一道菜太酸，而你希望降低酸度，尤其是在不適合提高甜度、或你已經加了甜味可是還需要再來一手的時候。思考一下油醋醬裡的油和酸是怎麼作用的。

2　如果你覺得香味食材的風味沒有出來，加少許油會有幫助（但請小心，尤其是別加一大堆鮮奶油進去）。

3　純粹想讓口感更綿密滑順。

隨時注意油脂

　　有些人覺得，天底下沒有油太多這種事。這些人可能也需要動手術把膽囊割掉。貫穿本書的主題是「平衡」，所以我深信，如果你吃的菜餚非常多樣，其中只有一道非常肥，那倒沒事 —— 尤其如果裡面還有清爽的泡菜當配菜，或者全是能吸油的澱粉類。但若只吃一道菜，而那道菜又蓋滿了肥油？哎哎，你的腸胃接下來要難過了。到頭來你可能也不會太懷念那一

餐。一點點油實足矣。

如果覺得料理太油，可能的話，上上策就是把油去掉。基本方法包括冰起來讓油脂凝固，因為油會自然浮上表層，這樣就能輕鬆撈掉油脂。如果沒有時間冰，就趁做菜的時候把表層的油撈起來（第83頁有特定一種去油法的範例）。不然，也可以加點酸，阻斷對油脂的感知。或者可用澱粉搭配這道菜，讓澱粉吸收多餘的油脂。油脂就像蓋在味蕾上的毯子，讓你溫暖舒適又被療癒，但各種感覺都會變得比較遲鈍。湯裡有太多鮮奶油或油的話，舌頭就會變成《南方公園》裡的阿尼，他溫暖的外套一路包到臉上，完全跟外界隔絕。知道阿尼每集都會怎樣嗎？他每集都會死掉，但他從不知道自己死到臨頭。

油脂會包覆舌頭，同時呢，雖說它會溶解脂溶性分子，卻也會讓感官變得比較遲鈍。不妨想像自己在喝加了許多香草的湯，然後再想像在湯裡加入一杯鮮奶油。湯的質地會變，可能會變得更好喝，但香草的直接衝擊也會變得沒那麼強烈。即使如此，一開始炒香的時候，還是要用超過一大匙油，才能為菜餚增添風味。正因如此，放了油後，就該轉動鍋子、讓油均勻布滿鍋面，大部分菜餚至少都需要一到兩大匙的油。

趣味小知識 油封（Confit，此字源於法文的confire，意思是「用以保存」）是法國西南部的傳統烹調手法，把肉（通常是鵝腿或鴨腿）略醃幾天，放在油脂裡以低溫、長時間慢慢烹煮，然後直接留在冷卻的油脂裡保存。油脂會形成保護層，隔絕微生物，而肉則變得多汁、誘人又超肥美。這種做法在冷藏技術出現前風行一時，但我們現在對油封食物依然照吃不誤，就是因為油脂的魅力。

烤冬季蔬菜佐椰棗與義式火腿油醋醬

4人份

這道沙拉很特別，因為剛好迎合了冬季窩居家裡的阿宅心中所有甜蜜美好的訴求。我愛甜美濃郁的椰棗與肥滋滋的醃肉的絕配組合。巴薩米克醋呼應著甜味，又有足夠的酸，可解橄欖油和義式火腿的肥膩。這道沙拉可搭配烤雞；也可在上面放顆水波蛋，單獨上菜。

- 1大顆未削皮的橘色地瓜，切成大丁
- 1大個未削皮的得利卡特南瓜（delicata squash），縱剖成兩半後去籽，再橫切成1.3公分寬的片
- 1/2磅（約227公克）球芽甘藍，梗的底部修掉，縱切成兩半
- 1/4杯特級初榨橄欖油，分成2份
- 1/2小匙細海鹽
- 5顆帝王椰棗，縱切成6片

- 2盎司（約60公克）義式火腿，切成小丁
- 1大匙切碎的紅蔥頭
- 1小匙略微壓碎的茴香籽（可省略）
- 1/4小匙紅辣椒片
- 1/3杯無鹽或低鈉雞高湯
- 2大匙巴薩米克醋
- 1大匙淺色黑糖
- 1小匙柳橙皮碎絲

1 烤箱預熱至華氏450（攝氏232）度

2 將地瓜、南瓜和球芽甘藍排在鋪了烤盤紙的烤盤上，在這些蔬菜上淋兩大匙的橄欖油。拌勻後再均勻撒上鹽。把蔬菜翻成切面朝下。不要把烤盤塞得太滿——需要的話可以用2個烤盤。烤15分鐘之後再把椰棗加進去，混合均勻。繼續烤15-20分鐘，或直到蔬菜都烤軟、邊緣也焦糖化。

3 同時製作油醋醬。把剩下的兩大匙橄欖油倒在鍋裡以中火加熱。義式火腿下鍋，慢慢逼出油脂，直到火腿煎到酥脆。用

漏勺撈出火腿丁，放在廚房紙巾上吸油，其餘油脂留在鍋中。紅蔥頭、茴香籽和紅辣椒片下鍋。約五分鐘後，等紅蔥頭變軟，再加入雞高湯、巴薩米克醋和黑糖。開小小火煮到液體量收到剩下2/3。關火，將油醋醬倒進碗中或罐子裡。把3/4的脆火腿丁倒入油醋醬中，柳橙皮碎絲也加進去。或者也可以把油醋醬和加進去的火腿丁一起打成泥，做成比較濃稠綿密的醬汁。油醋醬放冰箱裡可保存一個星期。

4 把油醋醬淋在蔬菜上，搖晃均勻。分成四盤，平均撒上剩下的酥脆火腿丁。

奶奶的烤牛胸　10至12人份

紅酒和黃芥末的酸味是這道食譜中負責解油膩的關鍵角色。同樣地，搭配馬鈴薯也有助於吸收部分油脂。這道菜是我奶奶家星期五晚上的經典菜色。爺爺會站在桌子主位旁，把大塊的牛胸肉逆紋切成薄片。那一片片牛肉維持著形狀不散開，完全靠微薄的力量在撐著，而肉片在我們眼巴巴又流口水望著的時候，從爺爺的刀邊滑落——一切都是那麼歷歷在目。好了，把辣根遞過來吧（譯註：佐牛胸用）。

牛胸肉部分

- 1整塊（8-10磅，約3.6-4.5公斤）牛胸肉（比較肥的「胸邊肉」部分，或是上面第二塊和比較瘦的「第一」塊之間有一層美味脂肪隔開的那部分，打給你的肉販指定說要這一塊）
- 2小匙細海鹽
- 2大匙耐高溫的脂肪，如印度酥油；或耐高溫的油，如酪梨油，分成2份
- 1小匙現磨黑胡椒
- 5顆洋蔥，切成1.3公分寬的絲
- 4片乾月桂葉
- 1大匙芥末子醬
- 2杯酒體飽滿的紅酒，如卡本內蘇維濃或希哈
- 1杯沒有加鹽的牛或雞高湯（或水）
- 16顆連皮的小馬鈴薯，如拇指馬鈴薯或新馬鈴薯
- 3根中等大小的胡蘿蔔，切成1.3公分厚的圓片
- 2根粗的西洋芹梗，切成1.3公分厚

辣根鮮奶油部分

- 1/2杯高脂打發鮮奶油
- 1/2杯美乃滋
- 1/2杯辣根醬
- 1/2小匙蜂蜜
- 1/4小匙細海鹽

1　前一天就先用鹽醃牛肉，在冰箱裡冰一夜，不用蓋。

2　準備要烤牛肉時，先把烤箱預熱到華氏300度（約攝氏150

度）。

3　在大的荷蘭鍋或鑄鐵鍋中以大火加熱一大匙印度酥油或酪梨油。在牛胸肉上撒黑胡椒。把牛胸肉放進鍋裡煎至呈褐色，偶爾翻面，直到每一面都呈焦糖色，總共約需20分鐘。取出牛胸肉放一旁備用。在鍋中加入剩下的一大匙油和洋蔥一起拌炒，直到洋蔥變成淡褐色，約需20-25分鐘。牛胸肉肥的那面朝上，擺在鍋裡的洋蔥上面，把月桂葉也加進鍋裡。把芥末子醬刷在牛肉上，葡萄酒和高湯則倒在牛肉周圍。

4　鍋子放進烤箱，不用蓋，烤約2.5-3個小時，每45分鐘左右幫牛肉翻個面。經過2小時之後，把馬鈴薯、胡蘿蔔和西洋芹放在牛胸肉周圍，繼續烤到蔬菜變軟，約需30分鐘。取出牛胸肉，把烤出來的湯汁去油（見附註看最適合的去油方式）。如果將牛腩放在密封盒中，最多可以冰兩天。

5　上菜之前一個小時，將烤箱預熱至華氏300度（約攝氏150度），並把牛胸肉放進淺烤盤或耐烤的盤子裡，再把去過油的烤汁和蔬菜舀到肉上。以鋁箔紙蓋緊，烤到熱透，約需45分鐘。

6　趁烤的時候製作辣根鮮奶油。把高脂鮮奶油放在碗中攪打到軟性發泡，並用另外一個碗混合美乃滋和辣根醬。加入適量的蜂蜜和鹽，攪拌到均勻。將辣根美乃滋輕輕拌入打發的鮮奶油，直到混合均勻為止。辣根鮮奶油放在有蓋容器中至多可以冰3個小時（放冰箱是可以冰好幾天啦，可是打發鮮奶油的輕盈感會消失）。

7　把牛胸肉移到砧板上，逆紋切成約0.6公分厚的肉片。把肉片和蔬菜排放在大盤上，淋上烤汁，旁邊搭配辣根鮮奶油上菜。

註：幫烤汁去油的最佳辦法，就是前一天先做好這道菜。把肉拿出來、過濾熱騰騰的肉汁。將肉和蔬菜用一個容器裝好冷藏。烤汁則倒進另一個瘦高的容器冷藏。第二天，所有的肥油都會浮到表面上。把油撈出來（可以留著以後做菜用），再把湯汁和肉、蔬菜組合起來，重新加熱再上菜即可。

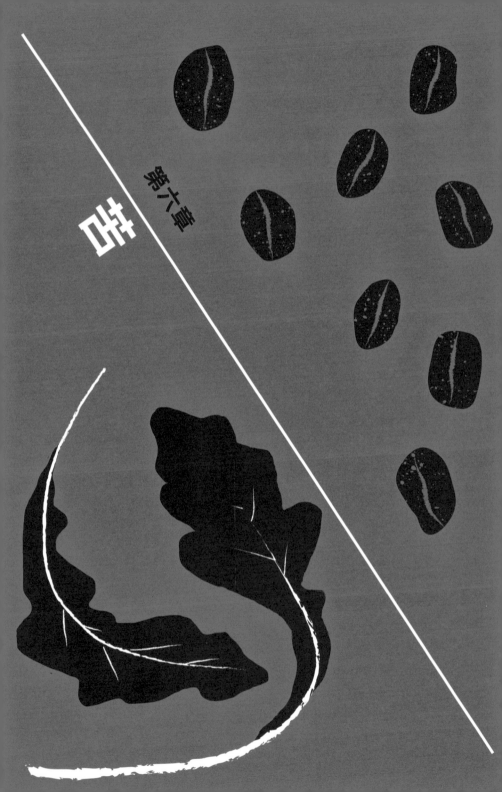

苦

苦味需要找個好一點的公關公司。這個詞代表某種難以下嚥的東西——無論字面上或以比喻來說，都是如此。小孩吃不了苦。有一小部分的人（可能是寬容味覺者）會誇耀自己喜歡深焙的黑咖啡、特黑巧克力、還有啤酒花味超重的啤酒。有些人會把苦味和澀味混為一談，以為舌頭上那種發乾的感覺就等於苦味。但那久久不去的皺縮和乾燥感，其實是由單寧一類富含酚類的物質所造成。請記得，苦是一種基本味，不是質地、也不是感覺。我們在第十章會談到單寧：人類三叉神經受到觸動，其實是我們對澀這種感覺的反應；有些人分不清楚澀味和苦味，可能是因為某些苦的東西也會澀。也有些人分不清苦和酸[18]，但苦比較會讓人的舌頭捲起、味道持續得也較久、較令人不悅；而酸只是會讓人皺眉、流口水。舉例來說，有時葡萄柚會被人貼標籤，說它苦苦的，而這也是事實，因為這種水果確實是有點苦，但其實葡萄柚的酸更甚於苦。只要嚼一小條葡萄柚皮就能確認什麼才叫苦。然後漱漱口，再嘗嘗果肉，那就是酸。來回多嘗試幾次就會搞懂了。

在第四章，我們學到小孩天生就比較喜歡甜味，因為糖就代表熱量；小孩對苦味也很敏感，因為苦的東西可能有毒。小時候我當然完全不知道這些，只知道很多東西都很難吃，甜的東西才是最棒的。我還知道一件事：咖啡——對小朋友來說實在是特別殘忍的玩笑。我身邊的大人對那種散發焦香、煮得濃

---

18. "Sour-Bitter Confusion," *Society of Sensory Professionals*, www .sensorysociety.org/ knowledge/sspwiki/Pages/Sour-Bitter%20Confusion.aspx.

濃、早上睡醒時氣味還會飄進房間裡的東西都已成癮。這種飲料對他們來說太至關重大，我們小孩在早上的重要性遠不如咖啡。「等我們喝完咖啡才准問問題。」大人這樣告訴我們。我和兄弟們當然非喝喝看這神奇甘露不可，看這東西厲害在哪裡，竟然能讓小孩閉嘴。這麼小就嘗到咖啡的味道，並不是我人生中最失望透頂的經歷，但可能也算最早的其中一次失望體驗。後來我的口味改變了，部分原因是我在味蕾減少的正常過程中，也失去了一些苦味受器，這是會隨年齡增長發生的正常現象，但我同時也受到文化壓力的影響，促使自己去習慣比較苦的東西。你可能會發現，隨著年紀漸增，你也有相同的改變。無論你是哪種味覺者、年紀有多大，只要不斷重複嘗試，再加上劑量還算健康的一點點同儕壓力，你也能學會習慣許多種味道。

應該先苦？還是後苦

　　你或許聽過餐前酒和餐後酒這兩種東西，或許也總是納悶到底兩者差在哪裡。其實相關說法有很多，但我簡化一下：酒精度低、不甜的飲料——如不甜的苦艾酒、香檳或金巴利甜酒（Campari）加蘇打水——本來就是要在晚餐前先上（開胃）；而比較甜、比較苦、比較容易喝醉的選項，如是芬內特苦酒（Fernet）和其他苦味酒（amari），就應該在餐後上（幫助消化）。

　　苦味酒amari（amaro是義大利文的「苦」，而amari就是苦甜的藥草利口酒）中各種香草、草根和香料的苦味萃取物有助唾液、胃液和消化酵素分泌。大部分人喜歡在

餐後喝，不過我餐前或餐後喝都喜歡：吃飯前和吃飯後都來點苦的。試試看，我推薦晚餐前喝肯巴利（Campari）加蘇打水（希望甜一點的話可以加少許苦艾酒）。餐後喝艾普羅氣泡調酒（Aperol spritz）或麗葉酒（Lillet），然後喝德國的安德柏格草藥酒（Underberg）、法國的夏翠絲香甜酒（Chartreuse）或義大利的亞維納草本利口酒（Averna）。

如果你也是那種不太能分辨苦、酸和澀（單寧）的人，可以做做看這個效果不錯、但可能不太討人喜歡的實驗，你會需要在嘗試以下幾種食物時照照鏡子。記得品嘗每種食物之前都要先漱口。步驟很簡單：先吸一下檸檬、然後吞下少許苦精、最後再吸一吸泡過的紅茶包。更理想的情況是請一個朋友幫你錄下實驗過程，然後盡快寄給我。我現在生活的一大目標就是想看到竟然真有人幹出這些事。

趣味小知識 顯然演化出於保護物種的目的，為生物頗完善地留下了苦味的偵測機制，因為人類竟然擁有約兩打、甚至可能更多種的苦味受器；反觀甜味受器卻只有少數幾種。水母、果蠅和細菌也都能偵測到苦味化合物。

苦的基礎班

　　苦味能讓你立刻聚焦在當下。當你的味覺受器激動萬分時，你會問自己：到底是什麼帶來味蕾上這可能大也可能小的衝擊，而且還要在一眨眼的時間內，決定是要吞下去還是吐出來。人類對苦味有毒物質有與生俱來的厭惡機利，當味蕾上出現這類騷動時，即使量不是多得太誇張，可能就會勾起這種對苦味的厭惡感。甜能安撫味蕾；苦則是會刺激、震撼味蕾，讓味蕾明確注意到這個味道。就像有人可能會對甜食或油膩食物上癮，也有人會受這種鮮明又複雜的味道吸引。苦味是把利刃──切穿奶油、突破包覆住味蕾的濃郁感、抑制同時出現的甜味，只留下繁複的感覺。請容我介紹多采多姿的苦味家族，其中包括蔬菜、香料；此外還有水果世界的成員，如柑橘類果皮碎絲；巧克力、茶和咖啡裡的咖啡因；蛇麻（啤酒花）；如球芽甘藍、羽衣甘藍、球花甘藍（rapini）、蕪菁、芝麻菜和辣根之類的芥屬植物；以及苦瓜、葫蘆巴、西洋芹葉、核桃；如焦糖與烤焦吐司之類焦化的食物；另有其他許多，族繁不及備載。

趣味小知識 為什麼刷過牙之後再喝柳橙汁會覺得好苦好苦？你可能以為是薄荷和柳橙不搭的關係，但事實不然（薄荷和柳橙可以做成好吃的沙拉）。原因在於大部分牙膏都添加了兩種化合物：硫酸月桂酯鈉（sodium lauryl sulfate）和月桂基聚氧乙烯醚硫酸鈉（sodium lauryl ether sulfate）[19]。這兩種化合物都會抑制我們的甜味受器，並讓苦味受器更敏感。沒錯，又苦又難喝的柳橙汁

就是這麼來的。其實牙膏裡添加這些化合物，是為了那種「刺激性」的效果，而不是因為有益牙齒，所以你可以去找沒有添加這些化合物的牙膏，或早餐後再刷牙。

掌控苦味

雖然苦味能讓食物展現繁複層次，但對多數人來說，苦味是某種需要掌控而非多多益善的東西。誠如第二章談過的，鹽是淡化苦味並凸顯其他味道的最佳辦法，但如果你已在菜餚裡加了足夠的鹽，卻仍覺得苦味太重，還是有一些法寶可用。

- **焦糖化**：對許多蔬菜來說，烤、煎或燉，都能帶出天然的甜味、藉此降低苦味，也有助於蒸發掉苦澀的汁液。不過要注意，有少數蔬菜例外——如芝麻菜，煮過以後可能更苦。
- **燙**：我比較少用這個方法，因為某些養分會因此流失。球芽甘藍、球花甘藍或羽衣甘藍放進沸騰的鹽水燙一、兩分鐘，再放進冰水阻止蔬菜繼續變熟，可降低苦味。
- **沖洗**：羽衣甘藍切碎的時候，有一種酵素（芥子酶）會和含硫化合物（硫配醣體）結合，產生一種名為異硫氰酸酯（isothiocyanates）、鬼才知道是什麼東西的苦味。用水沖洗切好的羽衣甘藍或稍微搓揉一下，就能去掉部分這種苦味。
- **加甜**：在菜餚中加入少許甜的東西，如蜂蜜或葡萄乾，就能達到所謂的「相互抑制」效果。換句話說，苦味會被甜味壓

---

19. "Why Does Toothpaste Make Things Like Orange Juice Taste So Awful?" Today I Found Out, January 5, 2017, www.youtube.com /watch?v=ETnhft-w51Q.

抑，而甜味也會被苦味蓋掉。

- **稀釋**：增加菜的分量是稀釋苦味的好辦法。苦味可以讓一道菜顯得繁複，但量只需一點點就很厲害了。利用味道比較淡的食材，如豆類或脆麵包丁，能凸顯苦味的正面效果，又不至於讓味蕾受不了。（第93頁的菊苣溫沙拉佐白腰豆與煙燻海鹽食譜，就是絕佳的例子。）
- **加油脂**：因為油脂能包覆舌頭，所以有助於遮掩苦味。烤球芽甘藍時可考慮沾裹些橄欖油，咖啡中則可以加入鮮奶油。
- **加熱**：溫或熱的食物比冷的食物更能掩蓋苦味。放了一個半小時的咖啡，總是比滾燙的時候更苦。食物在比較熱或比較冷的時候，你的味蕾較不容易偵測到味道（深入了解如何操控食物溫度以取得想要的效果，請見第十一章）。

> **趣味小知識** 敏感味覺者（約占人口總數的25%）比較喜歡鹹一點的食物，因為他們對苦味的感受比普通味覺者或寬容味覺者更強烈。無論他們自己是否有意識到這件事，他們伸手拿鹽，其實是為了讓食物比較好入口。

實驗時間

目的：展現鹽壓抑苦味的魔力。

所需材料：細海鹽、一根沒有去皮的大黃瓜、8盎司（約240毫升）濃的深焙黑咖啡、一瓶超級酒花印度淡色艾爾啤酒（IPA）。

大黃瓜

把大黃瓜（不是小黃瓜喔）切成約0.6公分厚的圓片。吃一片。注意自己嘗到的味道。是甜的嗎？最後有一點苦苦的？在另一片大黃瓜上灑幾顆細海鹽，等兩到三分鐘，讓鹹味稍微滲進去，現在嘗嘗看加了鹽的大黃瓜。注意到大黃瓜變得比較甜、也比較不苦了嗎？

咖啡

煮或買一杯濃咖啡。如果用買的，請買星巴克的熱美式咖啡；他們的咖啡豆烘得很深（有些人可能會說很焦），有很明顯的苦味。把咖啡分成兩杯，其中一杯加少許細海鹽，攪拌均勻。另一杯什麼都不要加。喝喝看、比較一下。如果你覺得沒有明顯的差別，就繼續在第一杯加少許鹽，直到嘗得出差別為止。加鹽的咖啡應該完全不鹹，但你也應該會注意到苦味明顯變淡。我個人認為在咖啡裡加鹽比加甜味劑效果更好。也可以用少許鹽跟喜歡的甜味劑來玩玩排列組合，比較各種效果。

超級酒花印度淡色艾爾啤酒（IPA）

用IPA啤酒來做跟咖啡一模一樣的實驗（不加任何甜味劑）。

趣味小知識 大部分的人都認為咖啡本來就是苦的，但食物研究家兼作家芭柏・史塔基（Barb Stuckey）知道事情的真相。其實，咖啡只有10%的苦味是來自咖啡因。其他苦味都來自烘烤與沖泡過程產生的酚酸類（phenolic acids）。烘得愈深、沖泡出的咖啡就愈苦。

實驗時間

目的：了解苦味是怎麼平衡甜膩感，並營造出深度和繁複的層次感。

經典曼哈頓 2杯雞尾酒

- 2盎司（約60毫升）裸麥威士忌或波本威士忌（傳統是用裸麥威士忌，但波本威士忌很好喝）
- 1盎司（約30毫升）紅的甜苦艾酒（我喜歡安提卡配方）

- 糖漬櫻桃，裝飾用（樂莎度牌最理想）
- 約4毫升的苦精或柑橘苦精（其實選擇超多的，所以就選自己喜歡的吧！），分成2份

1　這個實驗簡單到不行。把威士忌和苦艾酒倒進玻璃杯或玻璃瓶裡，加滿冰塊，攪拌均勻。濾進兩個冰鎮過的馬丁尼酒杯裡。每杯加一顆櫻桃，在其中一杯滴2毫升的苦精，輕輕攪拌但要攪拌徹底。先喝一口沒有加苦精的曼哈頓。用水漱漱口，再喝另一杯。第一杯應該酒味很重，有點單調、感覺稍偏甜膩。加了點苦味的第二杯應該比較平衡、風味較繁複，口感也較圓潤。現在再把剩下的2毫升苦精加到第一杯裡，因為上課時間結束了，沒必要再勉強自己喝難喝的飲料啦！

菊苣溫沙拉佐白腰豆與煙燻海鹽 4人份

本章討論了幾種平衡苦味的方法，在這道食譜裡有四種派上了用場：最後只放一小部分的苦味菊苣到菜餚成品中，這就是稀釋；讓菊苣焦糖化以增加天然的甜味；加鹽來降低對苦味的感知；最後用蜂蜜增加甜味，以取得平衡。

- 1杯乾燥白腰豆，或2罐（14盎司、約400公克）白腰豆罐頭，洗淨瀝乾
- 1大匙猶太鹽
- 1大匙特級初榨橄欖油
- 1/4杯切碎的紅蔥頭
- 1棵菊苣，去芯、切成適口大小
- 1小匙蜂蜜
- 1/2小匙切碎的新鮮迷迭香
- 煙燻海鹽
- 1杯脆麵包丁（切丁的白麵包放在華氏300度〔攝氏150度〕的烤箱裡烤15分鐘）
- 1杯義式綠莎莎醬（第47頁）

1 若使用乾的白腰豆，先用約1公升的水加猶太鹽浸泡一個晚上，要冰在冰箱裡。豆子濾乾，放進中等大小的鍋子，加水到至少淹過豆子3英吋（約7.5公分）深，加一撮鹽。煮滾之後用中小火繼續煮45-60分鐘，或煮到豆子變軟。連煮豆子的水一起放涼備用。

2 同時，用中等大小的平底鍋以中大火加熱橄欖油，加入紅蔥頭炒約5分鐘，或炒到紅蔥頭變軟即可。把菊苣、蜂蜜、迷迭香和適量的煙燻海鹽放進鍋裡，炒到菊苣的邊開始略呈褐色，約需5-7分鐘。

3 把豆子瀝乾，跟炒好的菊苣和脆麵包丁一起放進大碗。淋上一半的綠莎莎醬，輕輕混合均勻，嘗嘗味道，需要的話也可以多加一些綠莎莎醬。

咖啡和巧克力燉牛肋排 6-8人份

深焙咖啡和黑巧克力都是苦的，可以解牛肋排的油膩，並使這道濃郁、香辣的食譜顯得繁複而有深度。黑糖和甜椒則提供了甜味。

- 5磅（約2.2公斤）牛肋排
- 1大匙細海鹽
- 3大匙黑糖
- 1又1/2大匙安丘辣椒粉（ancho chile powder），多準備一些備用
- 1大匙烘焙過的咖啡豆
- 2小匙小茴香籽
- 2小匙乾燥牛至草
- 2大匙耐高溫的油，如酪梨油
- 1顆大的洋蔥，切成中等大小的丁
- 1顆大的紅甜椒，切成中等大小的丁
- 2條賽拉諾辣椒，烤過後剁碎（保留籽和膜）
- 3瓣大蒜，剁碎
- 2杯深焙的濃咖啡
- 1罐（28盎司〔800公克〕）火烤整顆番茄（我喜歡慕爾葛蘭牌〔Muir Glen〕）
- 1大匙番茄膏
- 1/2杯70%的黑巧克力，大致切碎
- 1杯切碎的香菜，裝飾用
- 4杯奶油玉米粥（食譜見對頁）

1 最好在下鍋前6-8小時就開始醃牛肋排，至少也要提前2小時醃，在牛肋排上抹好鹽、放進冰箱冷藏。

2 準備烤肋排時，先將烤箱預熱至華氏300度（約攝氏150度）。

3 用香料研磨器把黑糖、安丘辣椒粉、咖啡豆、小茴香和牛至草一起打成粉。備用。

4 把油倒進厚底鍋中，以中大火加熱。將牛肋排分批封煎出漂亮的褐色。移到盤子裡備用。

5 轉為中火，將洋蔥、紅甜椒和辣椒下鍋，炒到洋蔥變透明。加入大蒜和打成粉的綜合香料，攪拌均勻，繼續煮5分鐘。加入咖啡、整顆番茄和番茄膏，煮至沸騰為止。把肋排和流

出來的汁液都放進鍋裡，再次煮至沸騰。

6 整鍋放進烤箱烤，不必蓋鍋蓋，烤到牛肉變得柔軟，大約需要3-4小時，每小時幫醬汁裡的牛肋排翻個面。等叉子能戳進牛肉的時候，即可拿出烤箱，並撈掉表面的油脂。加入巧克力，攪拌至巧克力融化、均勻融入醬汁中。需要的話可再加些鹽和多的安丘辣椒粉調味。用香菜裝飾，搭配玉米粥上桌。

奶油玉米粥 4人份

- 4杯無鹽蔬菜高湯
- 1小匙細海鹽（若使用有加鹽的高湯則可省略）
- 1杯玉米粉（義式粗粒玉米粉）
- 2大匙無鹽奶油

1 將高湯和鹽用大湯鍋以大火加熱、煮到沸騰。轉成中火，慢慢加入粗粒玉米粉，持續攪拌免得結塊。以小火煮20分鐘，不時攪拌，直到玉米粉變得濃稠又綿密為止。加入奶油，徹底攪拌均勻，按喜好調味後，立刻上桌。

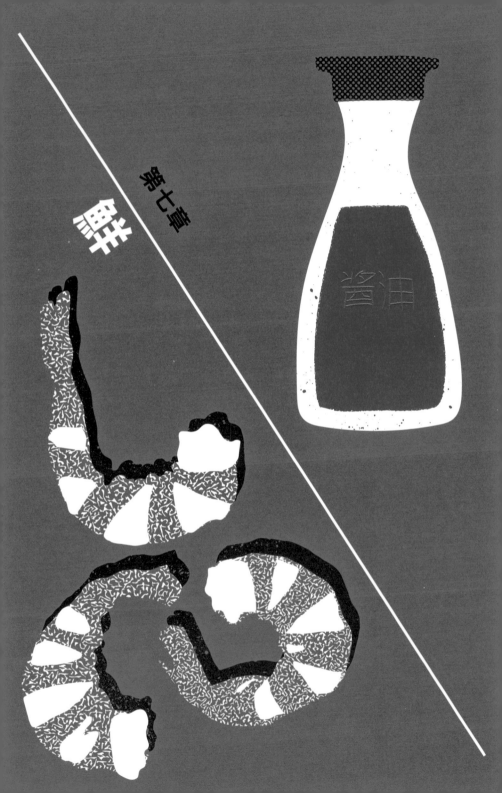

第七章

鮮

想一想那些會讓你渴望不已的食物。什麼食物能驅使你跳上汽車、立刻開進市區街道，或心甘情願打開手機應用程式付贖金給外送員？在美國，最可能的就是漢堡、烤肉、壽司、披薩，或任何有培根和薯條的食物。這些令人食指大動的東西，全都是含有大量鮮味的食物，而鮮味這個詞，是每個人都在說、卻鮮少有人知道到底是什麼的行話。每當我想搞懂現在「那些小屁孩」講的流行語時，就會去查「市井辭典」（UrbanDictionary.com），它對鮮味是這麼定義的：

> 「電視上的大廚假裝自己嘗得出來、但根本說不清楚的一種鬼扯風味。礙於同儕壓力，他們會不斷使用關鍵詞，讓自己顯得很懂，但事實上根本沒一個人搞得清楚。」
>
> 「老兄，我剛看安德魯・席曼（Andrew Zimmern）說某種奶油有鮮味。上一集他說蘑菇有鮮味。我確定這是他們在錄影的時候編出來的鬼話。」

在第一條的「定義」裡是有那麼一點點的事實：很多人搞不清楚什麼是鮮味。至於第二條，雖然很好笑，卻不是事實，因為蘑菇的鮮味含量超高。

鮮的基礎班

鮮味是數種能偵測胺基酸（主要是麩胺酸）與核苷酸（主要是鳥苷〔GMP〕和肌苷〔IMP〕）的受器同時產生反應的結

果，讓食物展現出超強烈的「美味」感覺。真是夠不清楚明白的，對吧？用不那麼技術性的話來說，鮮味是富含蛋白質、醃製、發酵、真菌類或海裡來的（如海帶和有殼海鮮）食物中的那種可口、深邃與美味。蛋白質在分解成麩胺酸和其他胺基酸時，會產生可口的味道，那就是鮮味。寫過許多本很棒的書，包括《蘋果》（*Apples*，暫譯）和《不可或缺的牡蠣》（*The Essential Oyster*，暫譯）在內的作者羅溫・傑可柏森（Rowan Jacobsen）指出，「全世界有為數不少的烹飪傳統正是致力於此〔分解蛋白質〕。發酵能做到這件事，也就是在細菌攻擊蛋白質的時候。煙燻、醃製和乾式熟成同理。微生物也會在製作乳酪的過程中分解牛奶的蛋白質。當然，高熱或長時間加熱一樣辦得到，像是烘或烤。」

如果你猛咂嘴，對正在吃的東西大致滿意，那我會猜這可能是某種富含鮮味的東西。我請我的吃貨好友描述鮮味嘗起來是什麼味道，但不可以靠食材來形容。「就像是嘴裡在開派對，」馬修說。「是牛肉味道的精華，」蜜雪兒說。「如果某種食物富含鮮味，我口腔後方的角落會嘗到那個味道。」鮮味是像高湯一般、美味、圓潤、濃郁、令人流口水而且肉感的。鮮味一詞的英文 Umami 借用自日文的「うま味」，可以拆解成うま

多力多滋起司玉米片用鮮味綁住你的方法有6種。其中3種是天然食物形式的：羅馬諾乳酪、切達乳酪和番茄粉。另外3種則是有針對性的武器等級型式：MSG（麩胺酸鈉，也就是味精，第104頁有更多相關資訊），以及自由核苷酸 IMP 和 GMP，這些都會讓鮮味的衝擊更強烈。

い或umai，也就是「好吃的」、「美味的」，而後面的「味」字或「mi」則可譯為「味道」。

當你吃到某種富含鮮味的食物時，你的唾腺會打到高速檔，口腔裡所有部位都會有反應（上顎、口腔後方、喉嚨——你可能還會覺得舌頭上有一層黏黏的感覺）。等到你吞下去之後，那種令人滿足的美好餘味還繚繞著。聽起來或很戲劇化，但在你吃到富含鮮味的天然食物時，這一切其實都是很微妙在發生著。不過若是說到加工食品，事情就沒有那麼「微妙」了：拿多力多滋來說，這正是一種經過精確研發的產品，準準地注入鮮味（MSG）及分量完美平衡的鹹味、酸味、糖和油脂。再加上令人滿意的質地和聲音，你根本就停不下來[20]。

天然增味劑

好幾個世紀以來，許多廚師雖不了解鮮味的科學根原理，但已經知道要運用以下材料讓自己做的料理更美味：

- 蘑菇，尤其是乾香菇
- 日曬番茄乾、番茄膏和番茄醬
- 帕瑪乳酪和藍紋乳酪
- 鯷魚和魚露
- 醬油
- 維吉麥（Vegemite，釀製啤酒的副產品，產於澳洲）和馬麥醬（Marmite，也是酵母副產品，產於英國）
- 味噌
- 醃肉
- 營養酵母
- 發酵的魚類
- 胡蘿蔔
- 馬鈴薯
- 高麗菜
- 菠菜
- 西洋芹
- 綠茶
- 海藻，尤其是昆布
- 有殼海鮮，尤其是蛤蜊和蝦醬

20. Dan Souza, "Why Nacho Cheese Doritos Taste Like Heaven," *Serious Eats* (blog), June 12, 2012, www.seriouseats.com/2012/06/science-of-chips-ingredients-msg-why-nacho-cheese-doritos-taste-like-heaven.html.

鮮味的起源

2009年，有一份科學綜論確認了人類具有麩胺酸的專門受器，因此，鮮味應被視為第五種正式的基本味，也加入了鹹、甜、苦、酸的行列。聽到這個消息日本人當下反應大概是「嗨，很高興各位終於想通了——整個日式料理王國就是以鮮味為中心建立起來的呢」。來認識一下鮮味的真正發現者池田菊苗博士，或者不妨也跟我一起稱他為：美味博士。1908年，池田菊苗認定，昆布（還有昆布煮的湯）的味道之所以與其他幾種基本味不同，關鍵就是麩胺酸，他稱之為鮮味。然後，味之素公司便開始生產 MSG（monosodium glutamate，麩胺酸鈉）。到了50年代，另一位科學家國中明博士發現，麩胺酸含量高的食物會和鳥苷單磷酸（GMP）與肉苷單磷酸（IMP）含量高的食物產生協同作用。

鮮味與食材的協同作用

現在我們來跟前人的視角對焦一下，一同看看最初啟發了鮮味研究的食材——「出汁」（dashi），也就是日本料理核心的日式高湯。它是用富含麩胺酸的昆布，加上富含IMP的柴魚（乾燥的煙燻鰹魚）片所製成。這是一種很容易製作的高湯（食譜請見第111頁），能讓加了它的一切變得更美味、濃郁、飽滿。來自這對協同作用搭檔的濃烈鮮味，是我們可善加利用的強大烹飪工具。素食者可以用富含GMP的乾香菇代替柴魚，製作出就算不完全一樣、但也非常相似的高湯。類似的協同作用組合還包括：

- 湯裡的捲心菜和雞肉
- 帕馬森乳酪和番茄醬汁與蘑菇
- 凱撒沙拉裡的鯷魚和帕馬森乳酪
- 乳酪漢堡裡的乳酪和肉

　　番茄，而且單只有番茄，就已經是鮮味界的資優生。藏在包裹種子那膠凍狀果肉中的，既有胺基酸也有核苷酸，我們能知道這項知識，都要感謝赫斯頓・布魯門索（Heston Blumenthal）——位於倫敦近郊著名的肥鴨餐廳的主廚暨經營者。他注意到膠凍狀果肉有濃郁的鮮味，於是跟科學家合作證明了這件事。研究發現，膠凍狀部分的鮮味是果肉的四倍，口味評比小組也認為從膠狀部分感受到的酸味和鹹味都比較重。自從知道這件事以後，我就再也不管廚藝學校教的那套「把番茄的膠狀部分和種子都挖掉不用」。

醉瘋子煎餅

　　「御好燒」（Okonomiyaki，直譯為「愛怎麼燒就怎麼燒」，俗稱「大阪燒」）是一種鮮味的「霸王級」菜色，可能也是多數美國人既沒聽過也沒吃過的東西。暫時是啦。

　　這是一種鹹的「鬆餅」，感覺像是喝醉酒的瘋子隨便亂湊的食材，也十足是日本執著於鹹香風味的一種體現。以下是基本的備料方式，而每種鮮味含量高的食材都以粗體標記。首先，要把**高麗菜**跟**山藥**拌在一起。接下來，拌入青蔥、打散的蛋液、醃薑、天婦羅炸屑（tenkasu）、鹽、**日式高湯**，可能還會加一些如**蝦**、**烏賊**或**扇貝**之類的

海鮮。然後開始煎煎餅，上面放些**五花肉片**。翻面再煎一下，淋上**御好燒醬**（用**番茄醬**、**大豆**和**鰻魚**製成），最後淋上美乃滋，撒些**海苔**和**柴魚片**即可享用。

趣味小知識　你人生所喝的「第一口」，很可能就充滿了鮮味。這裡說的可不是讓你在清醒後才悔不當初的那杯龍舌蘭，而是你真真正正喝下的第一口飲料──母乳的鮮味大概就跟高湯一樣豐富。謝啦，媽！

什麼時候該幫食物加點鮮味

1　你已經解決了鹹、酸、甜、苦和油脂的問題，但還希望菜餚再更帶勁些；換言之，若再加鹽就會讓菜變得太鹹，那就放膽交給不是醃或漬（因為會太鹹）的鮮味食材上場吧，例如番茄膏或香菇。

2　你覺得質地太單薄，想要加強食物的口感。

3　你在幫執行低鹽飲食的人做菜，鮮味也可以讓食物吃起來感覺上比較鹹，但整體加入的鈉其實比較少。再次提醒，請確認用的是不鹹的鮮味食材，如番茄和乾香菇。

4　想讓素食比較有肉感。可用蘑菇、陳年乳酪、番茄、醬油、味噌和／或海帶入菜，這樣就會萬事順利了。

5　你用的食材不如預期的那麼有味道，希望增加食物的可口度。

鮮味感覺挺神奇的，一旦大家搞清楚鮮味能為食物加入些什麼，唯一需要注意的就是掌廚人會開始滋長的癮頭（第一個跡象：把魚露當古龍水來用）。研究顯示，當湯裡加了鮮味時，低鹽的湯喝起來會比未加鮮味時更好喝。有加鮮味的時候，品嘗者也會把低鹽的湯評為較接近他們理想中鹹度的料理[21]。除了可口性這項因素以外，鮮味甚至能讓你在吃東西的時候覺得比較滿足。研究顯示，富含鮮味的食物能激起飢餓感，但飽足感也會隨之增加，這表示在吃到有鮮味的食物時，會比較快覺得滿足和吃飽了。因此，鮮味可能有助食慾控制的說法就更可信了[22]。這多少也算常識吧——如果吃得心滿意足，就不太可能很快又想吃別的東西。

幾種富含鮮味的關鍵食材

1 **魚露**：這種醬料可以（也應該！）用於各式料理中，絕不僅限於亞洲菜。在湯、醬汁和沙拉醬裡加個幾滴——如果你是我，那就隨時隨地、什麼菜都加一點吧。不要加太多，免得你做的菜吃起來有鯷魚味，但量要加得夠，才能創造出質地和深度。也可以使用半「原始狀態」的魚露，那就是鹹鯷魚。做義大利麵醬時可以先融一隻在橄欖油裡，這種魚的美妙風味絕對能驚艷四座。我實在太愛魚露了，甚至還以此為題寫了一首歪詩（見第105頁）。

2 **帕瑪森乳酪**：無論在何種菜餚中，都可以磨一些這種乳酪並

21. K. Roininen, L. Lahteenmaki, H. Tuorila, "Effect of Umami Taste on Pleasantness of Low-Salt Soups During Repeated Testing," *Physiology and Behavior*, 60, no 3 (1996): 953–958.

22. Una Masic, Martin R. Yeomans, "Umami Flavor Enhances Appetite but also Increases Satiety," *The American Journal of Clinical Nutrition*, 100, no 2 (2014): 532–538, doi: 10.3945 /ajcn.113.080929.

撒上去。把乳酪皮加到湯、燉菜和豆類菜色裡，能讓食物更有層次。食物煮好後，把乳酪皮撈出來，轉身背對在場的其他人，用牙齒把經過熬煮、釋放出來的那層融化乳酪刮乾淨。

3 **番茄膏**：在一大盤烤蔬菜中加一匙番茄膏；在煮湯或做醬汁的時候和洋蔥一起炒；做肉泥跟沾醬時也可以用。

4 **蘑菇**：乾香菇是超方便的鮮味來源，你的食物櫃可以常備著。加進蔬菜清湯、濃湯、快炒菜色裡，都能讓美味升級。也可以打牛肝菌粉：用香料研磨器把乾的牛肝菌磨成非常細緻的粉末，可加進快炒的洋蔥，或是用來沾裹牛排。

5 **味精**：等等，什麼？你震驚了嗎？別急，繼續讀下去。

味精的祕密

味精 —— 有人稱為MSG，或麩胺酸鈉，是一種食物添加劑與風味強化劑，利用細菌發酵製作而成，類似做優格或乳酪的方法。味精的名聲不太好，是因為有些人說他們在吃了味精之後有過敏反應，但就跟糖之類的精製食品添加物一樣，適量與否是個關鍵。事實上，味精就跟精製砂糖一樣不天然，也就是說，你不太可能走進森林裡時，不小心摔進一堆味精中；同理，你也不可能跌進所謂天然的糖堆中。當然這兩種東西都不是什麼健康食品，我自己是比較喜歡利用天然食材，從源頭取得鮮味，而不是訴諸添加物。但科學畢竟是一翻兩瞪眼的：自述吃了味精後會產生副作用的民眾，接受了有安慰劑對照組的雙盲測試，結果顯示味精其實沒有這種不良影響，適量攝取的話也無損人體健康[23],[24]。（再說清楚一點，我並非質疑有人真的會過敏，但科學並未把味精判為凶手。考慮到這份資料所表達

的訊息，我們只能得出以下結論：或許是其他某些成分引起了副作用，而不是MSG本身。）無論如何，雖然我偶爾也會吃多力多滋，或是吃到其他加工食品裡的MSG——廠商會用一些狡猾的名稱如：自溶酵母、酵母抽出物，或者是任何「水解」字樣來標示。最理想還是從肉類、蘑菇和乳酪中取得天然的鮮味（另外我也喜歡用水果或蜂蜜一類的糖來做菜）。總之，如果想怨恨MSG就請自便，但至少也該一視同仁地怨恨你手中那塊酥皮點心、或早上那杯咖啡裡的糖才公平。

魚露頌

　　那天你想跟我分手。

　　你翻倒在我Toyota車座。

　　也許你想一了百了；我們的世界不值你依戀久留。

　　凡塵俗世如此，終沒有你容身之所。

　　你對冒險的渴望，令我的婚姻內外交迫，

　　因為正如日升必又日落，你的氣息也將繚繞許久。

　　那天你想跟我分手。

　　你翻倒在我Toyota車座。

　　我將你挽留。

　　放了把火，燒個Toyota乾淨溜溜。

23. Katharine M. Woessner, Ronald A. Simon, Donald D. Stevenson, "Monosodium Glutamate Sensitivity in Asthma," *The Journal of Allergy and Clinical Immunology*, 104, no 2 (1999): 305–310, doi: http://dx.doi.org/10.1016/S0091-6749(99)70371-4.
24. M. Freeman, "Reconsidering the Effects of Monosodium Glutamate: A Literature Review," *Journal of the American Academy of Nurse Practitioners*, 18, (2006): 482–486, doi: 10.1111/j.1745-7599.2006.00160.x.

平衡鮮味

長久以來，我一直以為人是不可能把菜做得美味過頭的，但我最近開始體會到，就算是鮮味，也一樣可能太超過。當你開始覺得除了多力多滋、加了蘑菇和番茄醬的乳酪漢堡、放了一堆肉的披薩以外的東西吃起來都很平淡無味時，就該知道自己可能鮮味成癮了。

所以，「鮮過頭」嘗起來是什麼感覺？我需要知道。我把朋友金綁來參與一場即興的家庭實驗。我做了日式高湯（食譜見第111頁）。儘管日式高湯是鮮味科學的源頭，它的味道卻很微妙，且難以精確形容，所以我們就在裡面加味精（我用的是Ac'cent牌增味劑），慢慢加，並在每個階段都嘗一下味道，看味精會如何漸漸改變日式高湯的味道。我們先取出一杯沒有加味精的日式高湯放在旁邊，需要的時候就有對照組可以比對。我們發現，味精加得愈多，日式高湯就愈美味可口，直到某個時刻，當味精加得太過頭的時候，感覺就像是臉頰被往內吸，舌頭遭猛力攻擊而變得扭曲。這感覺並不舒暢，但也不像東西太鹹或太苦那麼糟糕。就像是嘴巴中有太多感覺襲來，有一點難以招架。

我們也嘗試吃味精，就直接從瓶子倒出來吃，以下就是我們既全面又廣泛的品嘗筆記：

嗯，詭異，好像舌頭被看不到的力量吸住了一樣。不完全是討厭的感覺，但感覺也不好。

所以我們從這個實驗和共通的烹飪經驗來推測，除非你用

味精做菜，或狂吃自動販賣機賣的點心（沒有要批判誰的意思），否則大概不會有「鮮過頭」的慘痛體驗。但如果你發現自己做的菜嘗起來鮮味太重，那就加入大量比較中性、鮮味沒那麼重的食材，重新平衡，並再次校準菜餚的焦點。

實驗時間

目的：鮮味如何創造深度、質感和飽滿的感覺。

忘記加鹽還能挽救起來的菜色並不多，但在最後階段把材料加點鹽、打成濃湯就能起死回生。這道食譜中的關鍵材料就是魚露，既是為了利用其中的鹹味，也是為了要善用和本章主題相關的魚露中的鮮味，我們還要趁機了解鮮味如何創造出飽滿、鮮香的風味（在加魚露之前，湯會顯得單薄，而且幾乎可說香過頭了）。如果魚露運用得當，你不會嘗到它本身的味道，但絕對會欣賞它帶來的魔法。

辣椒香茅地瓜湯　4人份

- 2大匙初榨椰子油或風味中性的油（如酪梨油）
- 1顆洋蔥，切小丁
- 2吋（約5.2公分）長的薑塊，磨成泥（如果是有機的薑就不用去皮）
- 1/2杯不甜白酒或不甜香艾酒
- 2枝香茅，只要底下2/3，修乾淨後用刀背拍扁
- 2根賽拉諾辣椒，對半縱剖開，梗和籽都保留
- 3片檸檬葉，用手拍打以釋放香氣
- 3片新鮮南薑或泡水發過的乾南薑
- 5杯去皮切大丁的橘色地瓜
- 1夸脫（約950毫升）水或無鹽蔬菜高湯（做這個實驗一定要用沒有加鹽的高湯）
- 1顆萊姆的汁，可多準備一些備用
- 1小匙細海鹽
- 1小匙魚露（我喜歡紅船牌〔Red Boat〕），如果需要可多加一些
- 蜂蜜（可省略）
- 1/4杯烤過的南瓜籽，裝飾用

1　在湯鍋中以中火加熱椰子油。加入洋蔥炒五分鐘，或炒到洋蔥開始變軟為止。

　　貝琪說：通常這個階段就是該加鹽的時候，但為了做實驗，我們暫時先不加。

2　加入薑泥繼續炒幾分鐘。加白酒進去洗鍋收汁，煮到酒都收乾為止。同時，拿一塊濾布，把香茅、辣椒、檸檬葉和南薑一起包起來，綁好。

3　地瓜丁和布包都下鍋，翻炒個兩、三分鐘。加水煮至沸騰。將火關小，讓湯呈現微滾狀態，蓋上蓋子，稍微留點縫，煮30分鐘，或煮到地瓜變軟為止。

4　地瓜煮軟後取出布包，用湯匙按在鍋邊、把水分都擠出來。用果汁機（或食物調理棒）把湯攪打至滑順，再倒回鍋子裡。加入檸檬汁並嘗一下味道。你覺得少了什麼？

　　貝琪說：你可能會注意到香茅和萊姆的明亮風味太強烈，讓平衡跑掉了，這時的湯香氣有餘、平衡不足。少了鹽可能會使整個中間味覺都有明顯的空虛感。湯的質地也稍嫌稀薄。

5　現在把海鹽加進湯裡，再嘗嘗味道，寫下你對變化的感覺。把魚露也加進去、嘗嘗看，再寫下你的感覺。專注體會舌頭上每個部位的感覺。

　　貝琪說：湯整體喝起來應該比較扎實了——本就應該如此！

本來的湯太明亮、太酸；本體空虛；沒有靈魂、沒有深度。魚露的鮮味讓風味變得飽滿。你可能會覺得這是一種充滿口腔的感覺。就連湯的質地也都不一樣了。即使你另外添加了少量的液體，但現在湯的感覺應該更濃了。你有更多味覺受器活躍了起來，風味也被留在舌頭上，質地不再水水的了。如果你沒有感受到這些，也覺得湯的味道不鹹，就動手再加一點魚露，直到能嘗出以上這些正向改變為止。

6 最後要做的，只須再判斷要不要多加些甜味進去。如果想讓湯再甜一點，就加入蜂蜜。把湯分裝成四碗，以南瓜籽裝飾點綴後上菜。

斯佩蘭札義大利麵 8人份

這是我用朋友約翰‧斯佩蘭札（John Speranza）所做的經典的格里西亞義大利麵（Pasta alla Gricia）為基礎，自己再做的小小變化版，也是一道亮點為醃豬肉和兩種陳年乳酪的義式鮮味菜色，就用它來研究鮮味的奧義吧。約翰喜歡易取得的義式培根（pancetta）而非傳統的醃豬頰肉（guanciale），並使用佩科里諾‧羅馬諾乳酪和帕瑪森乳酪這兩種乳酪，再加上一大堆碎黑胡椒（如果你很弱或者是敏感味覺者，那就用建議量的一半就好）。讓這份食譜更臻完美的祕訣，就是要用一些糊糊的煮麵水把義大利麵、煮麵水跟乳酪用力攪拌，形成完美的乳化醬汁。享受某些人所謂「大人版」乳酪通心麵吧。

- 1大匙猶太鹽
- 1又1/2磅（約680公克）的厚片義式培根，或1磅（約450公克）醃豬頰肉（因為這玩意兒頗肥）
- 1/4杯新鮮的碎黑胡椒粒（用香料研磨器可以迅速完成）
- 2磅（約900公克）的乾吸管麵或義大利直麵
- 略少於一杯、磨得很細的佩科里諾羅馬諾乳酪（pecorino Romano）
- 1/4杯磨得很細的帕瑪森乳酪

1 煮沸一大鍋水，之後在水裡加猶太鹽。

2 同時，把義式培根切成粗條（約0.65 × 0.65 × 2.5公分），放進大的煎鍋以中火加熱。把培根中的油逼出來，偶爾攪拌，直到肉條變成金棕色、肥肉部分都變得透明為止，約需15分鐘。關火，加入黑胡椒，義式培根留在鍋子裡不要攪動。

3 義大利麵煮至彈牙後再小心撈到煎鍋裡，同時加一杯煮麵水進煎鍋。把乳酪均勻撒在麵上，用夾子熱情攪拌到義大利麵都裹上一層乳酪味很重、有濃郁胡椒味和肉味的醬汁，立刻上桌。

日式高湯 略少於1夸脫（約950毫升）

日式高湯就是鮮味科學之源頭，也是位居多種日本料理核心的基礎高湯。你可以把煮過一次的昆布和柴魚用夾鏈袋封好放進冷凍庫，稍後用於所謂的第二道日式高湯。第一道高湯因為有濃厚鮮味，可以用於醬汁、淋醬和味增湯。第二道高湯通常用於燉煮肉類和蔬菜，因為這些食材也會釋放出額外的鮮味。

- 10 公克昆布
- 1 夸脫水（950毫升）

- 20 公克柴魚片

1 將昆布事先泡水至少30分鐘，或在冰箱裡冷藏一夜。以中型湯鍋把泡昆布的水和昆布一起用中小火加熱，慢慢煮到沸騰，大概要花10分鐘左右才會看到泡泡開始形成。

2 開始微微沸騰的時候，用夾子把昆布夾出來。加入柴魚片，小火微滾幾分鐘後關火，靜置放涼。等柴魚片都沉到鍋底，再用細篩網過濾高湯。

註： 素食者可以做香菇昆布高湯，只要用15公克的乾香菇取代柴魚片即可。把香菇跟昆布一起浸泡過夜，然後按照食譜操作，高湯微滾時取出昆布，並繼續熬煮香菇和湯約10分鐘。使用前過濾。

第八章

毒

這本書到了本章都已經過了大半，現在才要開始談香草和香料——為什麼呢？認為帶來香氣的食材才是讓食物趣味無窮的關鍵，你絕不是唯一這麼想的。理論上我也同意，但說實在的，我想提醒你：很少有人吃了一口自己做的食物、或在餐廳點菜以後，說出「真的很好吃，但少了點小茴香或龍蒿或葫蘆巴」這種話。吃印度菜或許有可能，但更常發生的狀況是，你會覺得菜太鹹、需要一點檸檬汁或幾滴醋、缺了點甜味、或可以再多放點油、或不要那麼苦。香草和香料確實在這可能性無窮無盡的風味世界裡占有一席之地，但唯有在先好好掌握了鹹、酸、甜、油、苦、鮮之後，才輪得到「香」的講究。香料能為好吃的食物錦上添花——若是少了香料，許多異國菜色就會讓人分不出差異。不過，在經驗不足的人手上，香料的運用很可能、也往往如打開了潘朵拉的盒子那般不妙。

香的基礎班

香料的種類包羅萬象，從柳橙到葛縷子到羅勒到酒，無所不包。只要能為一道菜添加風味，或讓風味更加分的，都可以視為廣義的香料。蔥蒜薑（還有薑黃和南薑）的芳香特質眾所周知，但這些重要食材也涉及了其他章節談過的許多種味道與風味要素。洋蔥在焦糖化之後，能為菜色增添甜味。如果火力太強、燒焦了大蒜，可能就會讓菜餚出現不請自來的苦味。但在我們討論調味的平衡時，值得注意洋蔥和大蒜（尤其是全生或只有一點點熟的狀態）的味道穿透力和辛香，是怎麼樣擄獲

我們的味覺的，在第九章就會深入探討這部分。就本章的重點而言，我們要討論的主要還是香草和香料，不過烤過的堅果、茶、咖啡和煙也是其他烹飪用香料的範例。

說到香草和香料，我們講的到底是植物的哪個部位？香草是新鮮或乾燥的植物葉片。香料則取自植物的樹皮、根和種子。禾草類也可以用於烹飪，最知名的就是香茅。花朵也很美味，可以入菜，番紅花就是最顯著的例子：我們會取用番紅花的柱頭（雌性生殖器官）。想想我們下的這一番功夫、付出的費用；得要採收植物的生殖器、加以乾燥——最後呢？只為了放這麼一絲絲的量在料理中，真神奇。用最簡單的方式解釋：香料就是在料理中使用量相對較少、主要是為了增添獨特的風味和／或香氣而使用的食材。

香氣食材的分類

你聽過聯覺（synesthesia）吧？一種感官刺激無意間引發另一種感官經驗，像是有些人可以「看到」聲音的顏色？我並不是說所有主廚都是聯覺者，但聽見美食專家在討論食材或風味時，用「調子」（tone）或「音符」（notes）等詞彙來形容，也滿常有的。當我用「調子」這個詞彙的時候，指的是這種食材在我心目中聲音的高低，還有這種聲音的大致特性。用小茴香做菜的時候，我會「聽」到低音號或巴松管吹奏低音時的低沉聲音。用香菜這種既有大地氣息又有柑橘味的香料時，我會聯想到它發出木吉他那樣的撥弦聲，不高也不低。當我把柳橙皮碎絲刨進一道菜的時候，「聽」到的是敲三角鐵的聲音：叮！

低音調

隆隆聲、深沉、土味、煙燻味、溫暖

低音號或巴松管

肉桂、丁香、小茴香、肉豆蔻、薑黃、牛至草、紅椒粉

中音調

中庸的、空氣感、高和低的混合

木吉他或次中音薩克斯風

月桂、小豆蔻、香菜、茴香、迷迭香、百里香

高音調

明亮、酸、陽光、高、清新

短笛或三角鐵

香菜、羅勒、柑橘類水果皮碎絲、蒔蘿、香茅、檸檬葉、龍蒿、馬鬱蘭、荷蘭芹、紫蘇

　　當你在運用香料的時候，先思考一下，你想在菜餚中加入些什麼，又想把料理導引到什麼調性的大方向去，這樣會很有幫助。香菜和萊姆為什麼會跟酪梨這麼搭，是因為除了溫和的大地與苦甜調以外，還有濃郁的蔬菜調性。香菜和萊姆的高音調，讓整個風味都明亮、飛揚了起來。想想看若是把新鮮牛至草加進酪梨醬裡會怎樣？不對勁，是不是？牛至草的調性太低、太木頭又太花香調了——就是無法跟酪梨一起取得平衡。

　　這並不是說像羅勒之類「高音調」的香草無法跟像番茄之類明亮、酸味的食材成功結合，只是調味時需要從更大的脈絡來思考一道菜，也不妨多多參考各國的烹飪傳統。牛至草是一種「低音調」的香草，之所以跟番茄很對味，是因為可以平衡番茄。羅勒特性明亮、是「高音調」，能讓醬汁顯得比較輕盈，

不過一旦和義大利肉醬中的牛肉，以及那三管齊下的鮮味基礎相互結合時，就什麼都對了。這種事情沒有嚴格規定，但如果你知道某種食材所屬的位置（調性）為何，就比較容易判斷這項材料適不適合加進料理中。想一想你希望辦怎樣的晚餐聚會：你不會全都邀請喜歡引人注目的自戀狂——但願最多一個就好。如果你邀了好幾個，就一定要有很多位無私的靈魂，願意扮演稱職傾聽者的角色，才能平衡氣氛，拯救這頓晚餐。

趣味小知識 番紅花跟大部分的香草和香料都不一樣。多數香草、香料都是油溶性的，而番紅花則是水溶性的。在用番紅花入菜之前，要先用一點點水或高湯來「發」番紅花，才能帶出這種香料的顏色與風味。

以香草入菜

做菜時該如何運用香草？那要看你使用的是新鮮的、還是乾燥的香草。我們先來看新鮮的。看過酒保在把新鮮薄荷放進雞尾酒之前，先拍一拍薄荷葉嗎？這是為了要釋放出它的香氣，讓油脂能更迅速、容易融入飲料中。做菜時也可以對新鮮香草依樣畫葫蘆。翻回去找第107頁的地瓜湯，就會看到我建議先拍一拍檸檬葉、再放進湯裡。若是處理烹調時間比較短的菜色，這是讓香草派上最大用場的簡單做法，對於像檸檬葉、新鮮月桂葉或咖哩葉之類質地較結實、精油釋放量也較少的香草，尤其可這麼做。

若是烹調時間較長的菜餚，可在一開始就先加些新鮮香草，到最後步驟時再另外加一些重新提味。許多料理都仰賴香草與香

料的層層堆疊，讓風味能隨著時間慢慢成熟。就拿香菜來說好了，小火燉煮豆類時，若是早一點把香菜放進去，香菜的味道就會隨著時間而變得愈來愈柔和，嘗起來會是微微帶有明亮感且有點蔬菜味的，但同時，它也會失去某些突出的特色。這時，另外再放一些香菜進去，不管是當裝飾、或是在最後才拌進食物中，都能展現出香菜清新、鮮明的一面。我常使用這種技巧，尤其是利用荷蘭芹和香菜的梗，這些梗跟葉片部位一樣美味，只是需要多一點點時間煮軟、煮透（請見第120頁）。

　　大部分的家庭掌廚人在菜餚裡加的新鮮香草分量都微不足道。除非你是按照本書的食譜，或特別擅長大膽運用香草與香料風味的主廚所寫的食譜做菜，不然，請考慮把大部分食譜中所列新鮮軟質香草的分量加倍，或者乾脆用三倍的量。這種增量法很少導致菜餚不平衡，反而還可能做出更清新、明亮、美味的成果。任何說只需要少少一大匙新鮮荷蘭芹的食譜，都會被我踢得遠遠的，你也應該如此。當然，一般來說，偏木質的香草，像是迷迭香、香薄荷（savory）、牛至草、薰衣草和馬鬱蘭的風味都會壓過整道菜，因為這些香草的風味特徵太強，就不宜過量。另外，龍蒿味道很棒，但一點點就夠帶勁了。話又說回來，用新鮮的羅勒、香菜、荷蘭芹、百里香、細葉香芹、蒔蘿和薄荷的時候，不妨奔放一點，因為這些香草要用到過量很不容易。

　　乾燥香草的使用方式就不一樣了。最好在烹調過程的初期就加入乾燥香草，讓這些香草吸收水分，並軟化乾燥香草較粗硬、風味也較集中的特質。若要使用乾燥香草（119頁有我建議值得備置在家裡的香草），最適合的其實是用在需要長時間烹調的菜餚中。在濃湯上桌之前才撒些乾燥香草在上面，對於增

加湯的味道層次效果不彰，還可能造成質地方面的問題（硬硬的、薄薄的⋯⋯這什麼東西？乾草嗎？）

如果你是那種認為香菜是「惡魔之草」的人、而且覺得香菜味簡直像肥皂，那怎麼辦？所謂的肥皂味應該加入菜餚裡嗎？科學界最近發現這種反應並非只是個人怪癖，也讓痛恨香菜的人有靠山可以自我辯護了。基因技術公司「23與我」（23andMe）的遺傳學者運用了多達25,000的樣本數，比對了痛恨香菜者的基因，發現了一個位於氣味偵測基因（包括一個接近已知能辨識香菜氣味中肥皂味的基因）附近的點，由此推知厭惡香菜可能源自嗅覺受器的變異[25]。儘管有遺傳方面的先天影響，研究人員卻指出某些文獻表示：痛恨香菜的原因中，基因其實只占很小一部分因素，人類還是有能力學會去喜愛、或至少容忍這東西。

乾燥香草與新鮮香草的替換

比例	3份新鮮香草可以用1份乾燥香草取代
舉例	1大匙新鮮百里香葉可換成1小匙乾燥百里香

乾燥香草機密情報

坦白告訴你吧：我不那麼愛乾燥香草，乾燥香草在乾燥與儲藏過程中會失去大部分的魅力與風味，多半只是新鮮香草極其不稱頭的代替品。不過，我這種強硬立場也並非毫無商量空間，我肯定乾燥香草的高便利性。生長在乾熱氣候的香草，其

25. Nicholas Eriksson, Shirley Wu, Chuong B. Do, Amy K. Kiefer, Joyce Y. Tung, Joanna L. Mountain, David A. Hinds, Uta Francke, "A Genetic Variant Near Olfactory Receptor Genes Influences Cilantro Preference," *Flavour*, 1, no 1 (2012), doi: 10.1186/2044-7248-1-22.

香氣能耐得住水分稀少的環境，這類香草包括百里香、迷迭香、牛至草和月桂葉，這些香草乾燥後的葉片保存香味的效果，就比生長在較溫帶地區的香草好很多。只要比較乾燥迷迭香跟乾燥荷蘭芹的風味，就知道哪一種較能留住風味。所以請放心使用牛至草、馬鬱蘭、月桂、百里香、迷迭香、鼠尾草或香薄荷——乾燥或新鮮的都可以。

現在呢，麻煩拉把椅子過來，我們就敞開心房，來聊聊乾燥荷蘭芹、羅勒和香菜。我一秒鐘都不浪費，直接開門見山吧：這三種香草的乾燥版根本就是騙鬼的食材，不值得你花一分錢。如果你覺得其實每次都只需要一點點、卻總是得買一整把新鮮香草，這樣太浪費，我大力建議你把這三種香草種成小盆栽，這樣永遠都有得用。

香草的乾燥方式有很多種：日曬、乾燥機、放烤箱低溫烘烤、微波爐、陰乾、還有冷凍乾燥。其中有些方式，如冷凍乾燥和用微波爐，效果比其他方式更好，因為過程中植物中的好東西流失得較少。「有個讓人左右為難的根本問題，」哈洛德‧馬基（Harold McGee）在他優秀的大作《食物與廚藝》（*On Food and Cooking*，繁體中文版由大家出版社出版）中說，「許多香氣化學物質比水更容易揮發，因此水分蒸發掉之後，風味也散得差不多了。」市場上已經有人開始銷售冷凍乾燥的香草，我也很推薦，因為這種乾燥法比其他方法都來得理想。

新鮮香草的切法

我永遠忘不了我的導師，詹姆斯比爾德獎大廚傑瑞‧特勞費德（Jerry Traunfeld）是怎麼斥責我們這些二廚把香草剁得太

碎。他會站在我們背後，看著我們砧板上的墨綠色香草爛泥，努力保持鎮定，然後一邊咬著牙不發作，一邊努力吐出解釋：為什麼把這些香草剁成黑色爛泥會破壞風味、讓香味全白白跑到空氣中和砧板上。他會繼續解釋為什麼得要在食客咬到香草，或是當香草融合進菜餚之際——才能讓風味釋放出來，畢竟，菜刀和砧板又沒有付大把鈔票來「香草農場餐廳」享受一頓含十道菜餚的大餐，這可是只用自家栽種新鮮香草來做創意料理的名店啊。

當我使用數種新鮮香草做菜的時候，我喜歡把香草切得比較大片，如此一來，風味的組合會更多元。吃第一口的時候，可能會吃到薄荷跟羅勒；第二口會吃到羅勒和香菜；第三口則是三種都吃到了。想知道究竟該如何處理、切香草，可以看我錄製的影片 bit.ly/2qAp2bB。我還錄了另外一支，示範了保存香草的最佳方式：bit.ly/2pa3npq。

善加利用菜梗

荷蘭芹	煮蔬菜高湯的時候可以用荷蘭芹梗；切下來的荷蘭芹梗可以用封口袋裝起來，跟其他蔬菜碎末一起冷凍。
香菜	香菜梗可用來煮拉丁式或越式高湯，也可剁細放在酪梨醬或塔可餅裡。或者用來做醃泡汁，如173頁的火辣辣泰式烤雞翅。
兩種並用	這兩種香草都可用於義式綠莎莎醬（第47頁），或是用在阿根廷青醬（chimichurri）的食譜裡。 把這兩種香草的梗切碎或是跟油一起打成泥，放進製冰盒中凍成冰塊；也可做濃湯的最後點綴。

冷凍香草

如果你不知道傑・健治・羅培茲—奧特（J. Kenji López-

Alt）是誰，那真該去認識一下。他是《料理實驗室》（*The Food Lab*，繁體中文版由悅知文化出版）一書的作者，也是我上網查找實用料理科學知識時，會參考的「認真吃」（Serious Eats）網站的烹飪總監。羅培茲—奧特測試了各種冷凍香草的方式，結果發現把切碎的新鮮香草加進油裡凍起來——無論是放在製冰盒，或是用夾鏈袋攤平——都最能夠留住香草的風味[26]。不過請記住，經過這樣處理的香草，風味和質地還是不如新鮮香草。他的實驗是用冷凍了兩星期的香草做的。

我自己在冷凍沒用完的青醬和義式綠莎莎醬的時候，會倒油在醬料上，並裝進塑膠的品脫（約473毫升）大小容器（記得貼標籤！）。如果在六個月內使用完畢，那麼只會流失少許風味。另一種冷凍青醬和其他香草醬汁的方式，是倒在鋪了烘焙紙的烤盤上。把醬汁抹平，連烤盤一起冷凍，然後掰成想要的大小（如果醬汁厚度較厚，可在冷凍前先按照想要的分量用刀畫出格線，冷凍之後就會比較好掰開）。每個冷凍袋放一塊、密封好，盡量把空氣擠出來。

以下是幾個運用未使用完香草的小訣竅：

1　沒用完的百里香或荷蘭芹可以塞進冷凍袋，以後用來煮高湯。當你發現冰箱的蔬果保鮮抽屜裡還有百里香、又不打算立刻用掉時，請扔進冷凍庫，下次做菜就可以把胡蘿蔔皮、胡蘿蔔頭、洋蔥芯、西洋芹尾端等材料加進袋子裡，讓剩菜也能立大功。

---

26. J. Kenji López-Alt, "Freeze Fresh Herbs for Long-Term Storage," *Serious Eats* (blog), March 30, 2015, www.seriouseats .com/2015/03/how-to-freeze-herbs-for-long-term-storage.html.

2 把薄荷和荷蘭芹打進奶昔裡，飲料的清新度會大增。

3 其實不管什麼料理中都可以放一點，特別是沙拉、含穀物類的菜餚或烤蔬菜。

包裝香草泥

我以前也用過這種管狀的加工香草，只是想看看那到底是什麼玩意兒，我可以告訴你，這種東西還不如你在家裡廚房就能簡單製做、冷凍起來之後使用的香草。這類東西多半含有糖和防腐劑，何況還很貴。如果你打算展開長期海上航行，或是住在不容易買到新鮮香草的地方，這種東西聊勝於無（或者也強過蒙著灰塵，來自遠古「洪積世」的乾燥香草）。只是在我看來，任何可撥出區區三分鐘切點羅勒的人，在香草的選擇上，都該敬這種管狀物而遠之。

香料

如果說香草的味道叫「濃烈」，那麼香料就是「奪命」等級的狠角色了──我說的可不是辣椒，而是那紛繁多樣、能讓食物更添趣味性的種子、樹皮、漿果和根。香料有藥效與療效，而且──如果不幸又是由生手來使用──可能會讓菜餚變苦。我要再度重申之前說過的話：如果你專注在恰當運用鹹、酸、甜、油、苦與鮮味，即使不用香料，也能做出美味食物。香料可以把菜餚提升到很棒的層次，但更常見的狀況卻是讓一道菜顯得不平衡。舉個例子，我永遠忘不掉某天晚上我美麗大方的太太幫我煮晚餐（前面有提過，她不常下廚），結果她拿了薑

黃和薰衣草為一鍋白飯最後裝飾。身為業餘畫家的她後來跟我說，她是受到色彩吸引才這麼做的。驚悚的色彩漩渦潑灑在這道菜上，這幅畫面挑戰著我敢不敢嘗它一口。當太太告訴我她加了什麼的時候，我說：「你先請。」結果她回說：「呃，我才不要，這都是做給你吃的。」

我並不是要嚇阻你使用香料。對廚師來說，沒有什麼比走進香料市場或香料店更開心的事了——不但能呼吸到幾十種異國料理的芬芳，還會因繽紛且多采多姿的可能性而心蕩神馳。所以我們還是來學些基礎知識吧，這樣你才能自信、無懸念地去拿番紅花、煙燻紅椒粉、薰衣草和薑黃來用，不過可能別一次全下就是了。如果你還沒做第32頁的香料胡蘿蔔沙拉實驗，我非常建議你在勇敢步入香料世界之前，先做那個實驗。

相信你一定聽過完整的香料比磨成粉的好，在這裡我要告訴你的事也一模一樣，因為這就是事實。香料中的揮發性香氣，會在香料被壓碎或磨成粉的時候釋放出來，而暴露在光線和氧氣中，會讓風味繼續劣化。保持香料原始的完整性就能保存香料中的植物精油，直到你準備要釋放出這些精油為止，所以買原狀香料是最理想的。同樣的，我也承認粉狀香料的確有

你知道小豆蔻可以直接磨碎，不必先剝開、特別把黑色的種子挑出來磨嗎？直接把整顆小豆蔻放進香料研磨器打成粉即可。如果是照著食譜做菜，只要多用一點點的量，就能抵銷掉比較沒味道的小豆蔻殼部分。現在是不是很想知道怎樣才能追回過去花在破殼取籽的時間？我也很想。

使用方便的優點。如果你買了預先磨好的香料，記得要以正確方式存放，才能保持住盡可能多的香味（請見126頁）。記得要跟聲譽良好、進／出貨流通度高的商家購買。

烘烤香料

烘烤香料，通常是使用乾平底鍋，這樣能做到幾件重要的事：

- 因為化學反應的關係，加熱會產生新的化合物，烘烤便能改變香料的風味，使其更繁複，同時也磨去香料的「稜角」，在烘烤過程中讓風味變得柔和。比方說，生的小茴香原本有微微的苦味，烘烤後會變得柔和，而原本的大地風味則變得更醇厚深邃。

- 蒸發掉多餘的水分，讓香料更脆、更容易研磨。

- 可以殺掉不該出現的細菌「偷渡客」。當你準備把香料用在不必再經過加熱的菜餚中時，這點格外重要。外面販賣的許多香料，都已經以放射線、加熱，或是用環氧乙烷（ethylene oxide）氣體殺過菌了，但也不是所有香料都一定殺過菌，而且也很難判斷哪些香料可能受到汙染[27]。

　　如果你要做綜合香料，如第137頁羊肉食譜用的斯里蘭卡香料，請一定要等香料完全冷卻之後，才用香料研磨器或杵臼磨碎，免得太早研磨，嬌貴的香氣都散光了。

　　也不是每一次都得先烘烤過香料才能使用。如果你要用混合香料裹在牛排外面，就不需要烘烤，因為在煎封或烤牛排時就能完成這個步驟。只要記住：廚房裡的香料這輩子總有一天

27. Gardiner Harris, "F.D.A. Finds 12% of U.S. Spice Imports Contaminated," *The New York Times*, October 30, 2013, www.nytimes.com/2013/10/31/health/12-percent-of-us-spice-imports-contaminated-fda-finds.html.

是要到熱鍋和／或熱油裡走一遭的。已經磨成粉的香料不需要再經過乾烤，因為增加的表面積會使揮發性香氣散掉，你也很可能會在過程中把香料給燒焦了。就像羅培茲─奧特說的，「烹調時如果聞到香氣，那麼上菜的時候香氣就不會在了。」把香料和洋蔥或其他食材一起加進烹飪用油中，不但能保護香氣，也提供了吸收風味的媒介。

何時加入香料

什麼時機點加香料？並沒有固定的標準答案，因為這和香料的種類、是粉狀還是原狀、有沒有烘烤過都有關係。最一般來說，在烹飪早期階段加入大部分香料，可讓香氣及風味在過程中隨時間慢慢轉化、變得更深邃。雖說如此，但如果先烘烤香料再磨碎，或是用少許油稍微加熱原始樣態的香料，最後在料理完成時撒上一點點，效果也會很不錯──例子包括撒在墨西哥蛋餅（huevos rancheros）上的烘烤香菜籽與小茴香籽、撒在烤南瓜或烤胡蘿蔔上的烘烤茴香籽和香菜籽、烤馬鈴薯拌用油炒香過的小茴香籽和芥子，還有在烹調最初和最後拌進咖哩的印度綜合香料（masala）。

某些香料不必先烘烤就能直接撒在食物上。鹽膚木是一種有檸檬般的酸以及溫和土味的香料，是取自無毒的鹽膚木灌木的漿果，此為最典型的例子。我會大方撒在用蘿蔓生菜、費塔乳酪和烤口袋餅（pita）做成的黎巴嫩脆餅沙拉（fattoush）中；以及撒在中東茄子芝麻醬（baba ghanoush）跟鷹嘴豆泥上。

香料何處尋

- 香料專賣店。在西雅圖，我們很幸運有「世界香料行」（World Spice）這種店家，說不定你家附近也會有類似的地方。

- 上網跟風評好的香料賣家購買，如世界香料行、潘吉斯（Penzeys）、香料商人（Spice Trader）或是克魯斯提安香料行（Kalustyan's）。

- 有香料專區且商品賣得很快的在地超市或異國雜貨店，可散裝購買為佳。

絕對不要買香料的地方

- 廉價超市特價出清的罐裝香料。理由？因為這些東西難保不是從某人的居家用品出清來的。好，我開玩笑的。但這些香料真的可能已經放了很久。有些小便宜就別貪了：你應該沒聽過誰吹噓自己用多低的價格買到香料或保險套吧？

香料的最佳存放處

- 用密封玻璃容器裝好放在冷凍庫裡，可讓香料保「鮮」數年。不過你可能需要先稍微烘一下，蒸發掉凝結在裡面的水氣。

次佳（也比較實際）的香料存放處

- 用不透明、密封良好的罐子裝起來，放在陰涼且少光照的地方。只買很少很少的量，這樣就能常常持續補充最新鮮的香料。

香草與香料的替換

　　還記得我說過：要先知道某食材所屬位置（調性），才會知道該如何將其用進料理中嗎？了解食材，能讓你在替換或嘗試不同排列組合時無往不利。所以與其問應該用什麼代替檸檬葉，不如運用從這本書學到的知識，問問自己檸檬葉所屬的位置（調性）為何。這一題我先幫你作答。檸檬葉是一種芬芳的香草，可以讓花香調的檸檬風味融入食物中，既不苦也不酸。先來看看萊姆汁，它可以帶來檸檬風味，但會提高酸度，可能讓料理的味道不平衡。而萊姆皮碎絲呢？若是小心避開白色的部分，就不會造成苦味，而且又有美妙的芳香精油──這就是正解。

　　再多看幾種例子：食譜說要用紫蘇葉（這是我最喜歡的香草之一）──這種植物又叫日本薄荷，味道非常獨特，但你若更深入了解，就會發現它的風味讓人聯想到薄荷和泰國羅勒，有微微的香菜味，也有一點點辣。這些香草並非完美的代替品，但各用一點就能做出頗類似的味道。

　　奶奶的番茄醬汁食譜說要用小茴香籽──但你站在你家附近市場的香料區，推著嬰兒車的爸爸還用輪子輾過你的腳，搶走了散裝容器裡最後一大匙的小茴香，結果就是只能搶到櫃檯上掉落的那一顆。撿起來嘗嘗味道，再決定能用什麼取代。可以確定有那麼點像甘草；也有點八角和大茴香味⋯⋯嗯，只用其中一種可以嗎？可是小茴香籽也有一點甜。這樣吧，加一顆八角和微量的蜂蜜，既能增添甜度，還抵銷掉八角有時會有的微苦味。

　　最後一個：某食譜說要用煙燻紅椒粉，但你手邊沒有。可以用什麼來代替？先思考思考，再繼續往下讀。煙燻紅椒粉是

苦甜苦甜、非常溫和的辣椒粉，具有獨特的煙燻風味。我會用普通紅椒粉加少許煙燻海鹽代替煙燻紅椒粉（食譜中的鹽量要略減），或是用安丘辣椒粉（溫和又有微微煙燻味）。這兩種都沒有？用少許普通紅椒粉加一小撮奇波雷煙燻辣椒粉（chipotle chile，煙燻味更重也更辣）。這樣有點概念了，對吧？

好吧，如果你就是不知道某種食材嘗起來是什麼味道，那怎麼辦？就某個角度來看，這算是好問題，因為這代表有好玩的新鮮事可以學了。去問問谷歌大神，就能知道某香草或香料的基本風味特色，有助於縮小範圍、找出適合的替代品。

迷人的月桂葉

這麼多年來，我朋友伊恩一直不知道在食物中放月桂葉到底有什麼意義，所以我建議他用香料研磨器把一片月桂葉和一大匙糖一起磨碎，嘗嘗看它到底有什麼厲害之處。我說的月桂葉指的是月桂（*Laurus nobilis*）的葉子，而不是某些商店賣的加州月桂（*Umbellularia californica*）。月桂是一種很討喜、有點甜甜辣辣、有點花香味、有點像薄荷腦、也被大大低估的香草。我會把月桂葉用進甜點跟鹹食中。加州月桂就是完全不同的東西了：葉片比較長、比較尖、顏色也比較暗，有種煤油般不好聞的氣味和風味。比較常見乾燥的月桂葉；而討厭的加州月桂則更多是新鮮葉片狀示人。

我給好奇的伊恩的建議，可以應用在任何香草或香料上。如果你不確定某種香氣會對食物帶來何種影響，又不想直接放進嘴裡嚼，那就和糖（或鹽，看個人喜好）一起

放進香料研磨器，磨碎後再嘗嘗看。這樣你就會知道在風味上多了些什麼。（不過請記得，香料和香草的風味會因烹煮而變得溫和。）自己試試看吧！幾種建議嘗試的香料：八角、咖哩葉、杜松子、葫蘆巴和小豆蔻。

汰換香草與香料

我相信你一定聽過，每隔六個月就應該把所有的乾燥香草和香料都換新。可能也有人說每年要換一次。無論如何，我都不喜歡非黑即白的規矩（除了絕對不該買乾燥荷蘭芹、乾燥香菜和乾燥羅勒以外──沒在開玩笑）。所以，我的建議是看情況。聞聞看：聞起來有灰塵味嗎？像乾草？還是什麼氣味都沒有？揉一揉：還有原本那種強烈、新鮮的香氣嗎？有的話就留著。不過我可以給你更好的建議，那就是下次碰到食譜要用到你不常使用的香料或香草時，把精確的量寫在購物單上、帶著量匙前往附近有賣散裝香料的市場、量出你需要的量、放進自備容器裡。回家做菜的時候，只要全部倒進去就好了。這樣既有效率又簡單，你還能用到最新鮮的香料跟香草。如果是比較常用的香草或香料，就可以多買一些。但可以的話，最好還是去進出貨流通快的地方買散裝的，少量採購就好。

盡量萃取出香味材料的風味

香草茶雖然很受歡迎，但其實水並不是最適合帶出香料與香草特色的物質（嚴格來說應該稱為「溶劑」）。油脂最好，但喝杯豬油香草茶實在是不怎麼誘人。酒類是第二好的選擇（尤

其是酒精濃度高的酒），所以那些浸泡柑橘的伏特加或加了羅勒、茴香的琴酒雞尾酒之類的，真的不純然是菜單上的行銷噱頭而已。

實際上，做菜時得讓香氣食材接觸到油脂。這應該不難，因為大部分食譜開始時都會用到少許油。用酒在鍋底洗鍋收汁也有助於釋放出香氣食材中的醇溶性（可溶於酒精的）分子。

香料研磨器

優點：簡單；方便；研磨出來的質地均勻

缺點：研磨器會壞；如果研磨時間太長，機器產生的熱可能會使香料溫度升高（釋放出揮發性的香氣）；清理起來比較麻煩（我建議裝入猶太鹽、研磨這些鹽粒，以此方式來清理內部）

推薦品牌：克魯伯公司（Krups）F203型3盎司電動香料磨豆機

杵臼

優點：你會覺得自己像個硬漢，只需要動動手臂就能碾碎香料；香料比較不容易變熱、清理也方便

缺點：辛苦；質地不均勻

建議品牌：瓦斯科尼亞（Vasconia）四杯份花崗岩研缽

如何拯救香氣食材用太多的菜餚

假設你很喜歡鼠尾草，但在煮醬汁的時候不小心下手重了點。再十分鐘就開飯了，這時該怎麼辦？我會問你，對你而言，鼠尾草最糟糕的影響是什麼？如果是會苦，那你已經知道多加點鹽或一絲甜味，就能抑制苦味。如果鼠尾草整體味道都影響了食物，那你有幾種選擇（以下按照應執行的優先順序排列）：

1　加入油以包覆舌頭，讓風味變得較不明顯。多拌點奶油進去，或倒些鮮奶油下去。

2　增加分量或稀釋，做法是把其他每樣食材都多加一點。

3　加入另一種互補的香草——以此例來說，就加入百里香；可分散注意力，讓吃的人去注意另一種完全不同的風味特色。

按比例增加香草與香料

　　假設你想做大分量要用到香草或香料，或兩者皆有的菜餚，那是否該把這些食材完全按比例增加——一如直接把食譜所需的雞肉分量加倍？我問過多本印度料理書的作者拉格文·艾耶（Raghavan Iyer），他的看法是，香料和香草要完全按比例增加：「為維持（原本食譜的）平衡，必須讓風味比例一模一樣。」但我問到的家庭掌廚人，都表示曾發生過大分量燉菜裡「小茴香、迷迭香橫行天下，完全不受控制」，或是「丁香簡直要把舌頭燒出洞來」等災難。

　　以下是我對這件事情的看法：如果你用的是來源可靠、經過實做驗證的食譜，那麼香草和香料的用量就要照比例增加，以維持平衡，並達到作者預期的風味特色。尤其是印度咖哩之類的料理，畢竟香料就算不是所有印度料理的骨幹，至少也是這道菜的骨幹。

　　那像燜燉牛肉（pot roast）之類的料理呢？原本的食譜要求要用加了迷迭香和辣椒的香料來按摩、塗抹在大塊牛肉外。假設你還算可以接受迷迭香（但並沒有特別愛），而你準備要做四倍量的燜烤牛肉好了。這時，大塊牛肉所增加的表面積，跟要增加的香料分量比例是不一樣的。所以若是幫牛肉塗抹了四倍量的迷迭香辣椒塗料，這層香料就會變得非常、非常厚。當你

連同「外殼」一起咬下一大口烤肉時，就會吃到更多迷迭香和辣椒。所以在做決定之前，真的要想清楚你要增量烹調的到底是哪種類型的料理。

艾耶根據自己對商業食譜的操作經驗，提出的建議如下：會辣的食材，如辣椒、胡椒之類的，應該只能增加50%到60%；鹽的話則大概是增量75%。辣和鹹不夠的話隨時可以再加，但若加太多就很難補救了。我另外還有一個建議，如果某食材在量不大時你還算喜歡（但並不是特別愛），那麼在增加食譜的成品量時，就少用一點——就我個人來說，加倍食譜分量時，我會避免加倍使用丁香之類讓人味覺麻痺的食材。反正之後隨時都可以再加，就算這麼做會沒時間讓香料慢慢變溫和而使風味略有不同，也不值得冒險一開始就加太多香料，導致後果無法挽回。

有其他更好的建議嗎？有，那就是之前沒做過、沒享用過成品的食譜，千萬不要直接按比例加倍用量。

煙燻

我非常喜歡以煙燻味入菜。理想上是要用煙燻爐或烤爐來煙燻，但對許多家庭掌廚人來說，這可不是每天、甚至每個月都有機會的事。沒辦法去戶外的時候，透過幾種方式我一樣可以運用煙燻味來料理。煙燻鹽是非常棒的食材，我很常使用，可以把戶外的香氣注入我的食物裡。我也會輪流使用煙燻紅椒粉和奇波雷煙燻辣椒粉。用培根做菜則相當於變相把煙燻味當成香氣材料使用。對蔬食者來說，一小撮磨成粉的正山小種紅茶（lapsang souchong tea）應該要是你的新朋友。我會用這種紅茶快炒洋蔥，為菜餚注入一些培根般的風味。

不是只有木頭燒出來的煙才能製造絕妙香氣。現在講起這件事，其實我有點不好意思，因為那是出於譁眾目的要炫技的花招——以前我會端出利用乾冰把薄荷香氣送到食客鼻腔中的豌豆濃湯。另外，跟主廚朋友達娜‧克里（Dana Cree）還共同研發別的水果版本：用濃肉桂茶做的烤歐防風濃湯佐蘋果奶油。

柑橘類果皮碎絲

如果你觀察酒保刨飲料用的柳橙皮碎絲，會發現他們總是直接在飲料上方處理，而不是用砧板——至少，好的酒保不會用砧板。當你刨柑橘類果皮碎絲的時候，揮發性的香氣會以油的形式釋放出來。如果你在砧板上刨，那麼芬芳又美味的就會是砧板的木頭了。想取得最佳風味，要直接在菜餚上方刨碎絲，並利用以下原則目測需要的量：一顆中等大小的檸檬約能刨出一大匙果皮碎絲。如果需要一小匙的量呢？刨1/3顆檸檬的皮。萊姆的話，只能刨出略少於一大匙的量；一般大小的柳橙則約可以磨出兩大匙。為了保存得來不易的香氣和明亮的清新感，要在烹飪後期階段再加入柑橘類果皮碎絲才行。

香氣的組合搭配

首先，如果你是烹飪新手，或尚不確定該如何排列組合風味，不妨大力仰仗世界各國料理的搭配智慧，因為歷史上已有數不清的廚師早就弄清楚誰跟誰最搭、用在什麼時候最好。光是這個主題就有許多專書探討，與其給你不完善的資訊，不如直接告訴你市面上有哪些食材與風味搭配相關的最佳參考資料。凱倫‧佩吉（Karen Page）和安德魯‧唐納柏格（Andrew Dornenburg）撰寫的《風味聖經》（*The Flavor Bible*，繁體中

文版由大家出版社出版）就非常棒，也可以看看FoodPairing. com，這個網站是以科學為基礎來建議食材的組合與搭配。

香氣食材與隔夜菜

　　隔夜菜放到第二天真的會比較好吃嗎？看情況。沒有使用香氣食材的簡單菜色（乳酪通心麵）吃起來大概差不多，但有層層香草與香料堆疊的燉煮肉類，就真的會更好吃。剛做好的那天固然美味，但味覺敏銳的人會注意到每種風味分別都有一點搶戲，而且彼此疏離。香氣食材跟一起烹煮的其他東西彼此混合、相融之際，會經歷多種反應——隨著菜的冷卻、靜置、又重新加熱，香氣食材味道也會變得更柔和。第二天，食物美味度提升了，變得更有凝聚力、更繁複也更飽滿。知道還有哪件事讓隔夜菜魅力加倍嗎？那就是只要熱一下就可以開動了。

實驗時間

目的：學會辨識、分類香草與香料的氣味調性。

所需香氣食材（務必選用新鮮的）：

- 小豆蔻果莢（請朋友幫忙稍微壓裂）
- 新鮮薄荷，放在雙掌間拍一下
- 肉桂粉
- 小茴香籽
- 香菜籽，稍微壓碎
- 煙燻紅椒粉
- 新鮮香菜，放在雙掌間輕拍一下
- 新鮮或乾燥的柳橙皮

做法：請朋友幫你把眼睛蒙起來。要確定是你信得過的人。請他們放一種香料或香草在你鼻子底下。首先，猜猜看你聞的是什麼。如果錯得很離譜也不用洩氣。這比你以為的難多了，就算已經知道有哪些選項，一樣很難。接下來，不管你是否能認出是哪種香料或香草，請朋友幫忙，把每種東西分別歸入三個類別。左邊是低音（大地味、煙燻味、怪味），中間是中音（中庸、有一點點低、一點點高），右邊是高音（明亮、輕盈、柑橘味、陽光）。

結論：就算你不知道自己到底在聞什麼，我敢說你在調性部分大多都答對了。

> **貝琪說**：低音（肉桂、小茴香、煙燻紅椒粉）、中音（小豆蔻、香菜籽）、高音（薄荷、香菜、柳橙皮）。

實驗時間

目的：香料的風味特色在烘烤後會產生什麼變化。

所需材料：一小匙茴香籽、一小匙香菜籽

做法：聞一聞、再嘗嘗看一粒茴香籽，寫下你對香氣與風味的感覺。然後，把一小匙茴香籽放進乾燥的平底鍋，用中火烘烤，直到發出香味且微微變褐。把茴香籽倒在碟子裡，立刻聞味道。留意自己當下對香氣的想法為何，現在再嘗幾顆看看，風味發生了什麼變化？

> **貝琪說**：生的茴香有微微的甘草香氣，風味則是苦中帶甜，並有甘草調性。烘烤過的茴香聞起來像奶油糖，還有一點甘草味。風味方面則變得比較不苦，也比較甜，但還

是可以嘗到甘草味。

現在再用香菜籽做一樣的實驗。香菜籽的香氣和風味在烘烤前後有什麼差別？

貝琪說：生的香菜籽聞起來只有很淡的柑橘味，風味則帶有土味、香菜味、花香味和薰衣草味。烤過的香菜籽會出現爆米花和柑橘的香氣，而風味則像堅果，略帶花香味和柑橘味，也像花生糖和爆玉米花。

斯里蘭卡香料羊排佐椰奶醬 4人份

美妙的三分熟羊排,外面裹著一層芬芳的香料脆皮,浮在濃郁、美味的椰奶醬汁中,上面裝飾著炸得香酥的咖哩葉(它從此也會是你最愛的香草新歡)。可搭配米飯,也可跟一點醃芒果(見第139頁)一起上桌。這盤美食包含了多種運用香氣的手法:抹在羊排上的香料、充斥在椰奶中的飽滿香氣,還有富含堅果風味的香辣炸香草裝飾。如果你真的用醃芒果搭配這道菜,就等於是上了一堂以香氣食材入菜、種類既多元又精采的速成班。

- 2根乾的阿波辣椒(chiles de árbol)
- 1根肉桂棒
- 1/4杯香菜籽
- 2大匙小茴香
- 1大匙細海鹽,多準備一些用於調味
- 1小匙白米
- 1小匙棕芥子
- 1小匙茴香籽
- 1小匙小豆蔻果莢
- 1/2小匙葫蘆巴籽

- 3顆整粒丁香
- 1又1/2杯新鮮(或冷凍)咖哩葉(亞洲市場有賣),分成2份
- 1大塊採法式切割的羊架(未切開的羊肋排)
- 2大匙耐高溫的油,如酪梨油,分成2份
- 1罐(13又1/2盎司〔約400毫升〕)未加糖的椰奶
- 1大匙新鮮現擠檸檬汁
- 1小匙魚露

1　烤箱預熱至華氏350度(約攝氏180度)。

2　戴上手套,把辣椒和肉桂棒掰成小段。跟香菜籽、小茴香、海鹽、白米、芥子、茴香籽、小豆蔻、葫蘆巴、丁香跟1/2杯的咖哩葉一起放進香料研磨器中打成粉,抹在羊架上。可能要分兩批來打。

3　在可進烤箱的平底煎鍋(最好是鑄鐵鍋)裡用中大火熱一大

匙油。把羊架表面煎香，多翻面幾次，直到香料都煎成褐色為止，小心別燒焦了。把煎鍋移入烤箱，烤到羊架內部溫度介於華氏125-135度（約攝氏52-58度）之間，也就是三分熟。一旦羊架達到上述溫度，就從鍋子裡移到乾淨的托盤或大餐盤上，用鋁箔紙鬆鬆蓋住，靜置15分鐘。

4 同時，用同一個平底煎鍋以中大火加熱另外一大匙油，把剩下的一杯咖哩葉煎到酥脆，放在廚房紙巾上吸油，並撒上少許海鹽。把椰奶倒進平底鍋裡（不需要先擦洗），羊架靜置時流進盤子裡的湯汁也要倒入鍋內。以小火加熱到椰奶微微沸騰，並等待椰奶的量減少1/3，約需要七分鐘。加入檸檬汁和魚露。嘗嘗味道，可視情況多加些鹽或檸檬汁。上菜時，舀些醬汁放在碗中，把羊架切成羊排，放在椰奶醬汁中上桌。羊排上擺一些炸好的咖哩葉裝飾。

醃芒果 6人份

我曾經做這道快速醃菜的變化版給我朋友賽媞吃。這道菜的靈感是得自印度料理以及我以前吃過的某些醃菜。當時有點擔心她會怎麼反應,結果她還算喜歡,但卻小心翼翼指出,「如果你想做得更印度風,香料量就要加倍。」「每種香料都要嗎?」我倒抽一口氣,臉色白到不行。我照辦了,從此義無反顧——實在是好太多了,美味度提升了兩倍不止。這道醃芒果可搭配斯里蘭卡香料羊排(第137頁),也可搭配魚肉塔可餅。

- 2杯去皮、切成條的半熟芒果
- 1大匙猶太鹽
- 3大匙椰子油
- 2大匙茴香籽,略為磨碎
- 2大匙小茴香籽,略為磨碎
- 2小匙棕芥子
- 2小匙薑黃粉
- 2小匙紅椒片

1 芒果放在瀝水籃中用鹽醃,靜置30分鐘之後,用水稍微沖洗一下芒果,然後留在瀝水籃裡讓水滴乾。

2 同時,用大的平底煎鍋以中火加熱椰子油約20秒,把所有香料都加進去拌炒,直到芥子發出爆裂聲、香料也飄出香味,約需一分鐘。把香料油和芒果拌勻。立刻上桌。放冰箱冷藏可保存一星期。

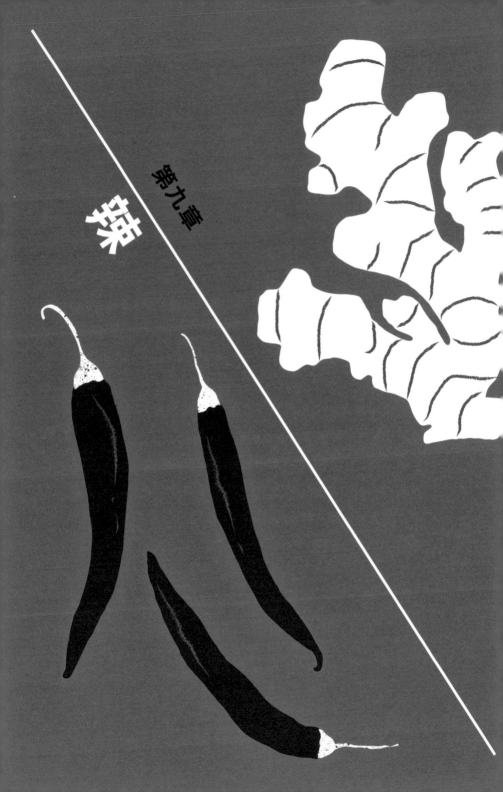

第九章

辣

你或許不覺得自己是被虐狂，但如果你喜歡嘴巴和鼻腔被辣椒、大蒜、辣根和類似食材攻擊的感覺，那你其實很符合這個詞的標準教科書定義（綑綁那部分除外）。被虐狂可定義為「喜歡痛苦」，如果你也曾是那種邊冒汗邊流口水邊吃下十倍超辣雞翅或四川菜的人，那你就是喜歡討皮肉痛。在吃辣椒之類的東西時體驗到的痛感，其實並非味覺，反而比較像是臉上突然被揍一拳的感覺。

這種熱辣辣的感覺，或者說刺激感，跟兩類化學物質有關。其中之一是又輕又小的硫氫酸鹽（thiocyanates）——芥末植株和近緣物種（包括山葵和辣根）都含有這種化學物質；當這些辛辣食材被磨成泥或切開時，這種化學物質很快就會散逸。這也是為什麼山葵和辣根會直衝你的鼻腔，在抵達之際造成痛苦和傷害。另一類化學物質是烷醯胺（alkylamides），辣椒、薑、胡椒和花椒都有；這種化學物質重量比較重，不會直衝鼻腔，而是停留在你的舌頭上，就待原處折磨你。

在你吃到某種特別辣的食物，搞得自己涕泗縱橫又汗流浹背的時候，身體到底是怎麼了？你的三叉神經（也就是舌頭、鼻腔和大腦之間的直達列車）發現你幹了什麼好事，於是警鈴大作：痛覺出現了，而以辣椒的熱辣來說，大腦會試圖讓身體降溫（冒汗）。會讓三叉神經著火的化合物是辣椒素（辣椒）、生薑醇（薑）、胡椒鹼（黑胡椒），還有異硫氰酸烯丙酯（辣根）。三叉神經也負責感受溫度和觸覺。人體其他部位的反應跟舌頭碰上攻擊時的反應很類似，包括你的鼻腔、指甲內部和

眼睛表面都是。這種反應稱為「化學感知」（chemesthesis，又名物質感覺），其實只是用花俏的說法來表達：「老天，要爆炸了！」於是中央命令身體：「有什麼就釋放什麼！快噴灑眼淚、汗水、鼻涕和口水！」

約翰・皮爾斯研究室（John B. Pierce Laboratory）的貝利・格林（Barry Green）博士在《科學美國人》雜誌中解釋過，辣椒素也會「刺激只對溫度小幅增加（即些微暖意）有反應的神經。辣椒素會送出兩種訊息給大腦：『我是很強烈的刺激物』以及『我有熱度』。」這就能解釋為什麼你吃的明明是從冰箱拿出來的冰辣椒，你卻會覺得口腔裡在發熱。三叉神經和化學感知同樣也會對薄荷醇（會刺激負責辨識低溫的神經）造成的麻痺和「冷卻」效果有反應。花椒——並不是胡椒，而是柑橘類的親戚——會刺痛你的唇舌，如果用量大的話，還會麻痺味蕾。丁香也會造成類似的麻痺感，所以從中世紀開始，就有人用丁香油治牙痛。

吃下這類具「刺激性」食物造成的效果，通常頗令人迷惑（明明吃了冷辣椒、卻覺得熱熱的）、稍微有點不舒服（像舌頭麻掉——吃吃看那種叫做「金鈕扣」〔buzz button〕的花就知道我的意思了），或是真的會痛（問問曾把辣椒油弄到眼睛裡的人吧！）那我們為什麼會吃了還想再吃呢？「吃辣」到底有什麼魅力？簡單來說，那會令食物更帶勁。追求刺激的人特別享受這類極端的食物反應，但在「痛苦並快樂」的背後，其實也是有科學根據的，簡言之：腦內啡和多巴胺，也可以叫做大腦的歡樂泉源。腦內啡會阻斷神經、不讓它繼續傳導痛覺訊號；多巴胺則讓我們充滿愉快的感覺。同樣的，也有些人對痛的感覺就是特別敏銳。寬容味覺者比較可能愛吃辣，反過來說，要想

找到把吃辣當好玩的敏感味覺者，就不太容易。你可以訓練自己吃辣，就和多接觸苦味能改變味蕾對某些食材的容忍度是同樣道理。文化與同儕壓力的作用，另外再效法墨西哥人做香辣棒棒糖（超好吃！）那樣在辣椒裡加點糖，你就會比較能接受有刺激性的食材。

用刺激性食材做菜，不管是辣椒還是會讓人嘴麻的丁香，訣竅就是要為菜餚添加風味、讓味蕾感受到刺激或興奮，但又不至於無法忍受，或造成真正的痛楚——除非你就愛這一味，這點我們予以尊重、絕不批判。套用另一個音樂比喻：若有一首歌播放得太大聲，你可能會覺得受不了、太刺激，根本聽不出歌詞在唱什麼，當然也就聽不出音調的細微之處，這時能體會到的就有限了，說不定還會覺得很痛苦。食物也是一樣。再次重申，一切都在於平衡之道。當你能用刺激性食材創造一段有趣的旅程、吃的人也欣賞整道菜，你就不再是等閒之輩了。

辣椒

無論是最辣的辣椒火力全開進攻喉嚨，或是最溫和的辣椒那種輕盈、水果味的挑動，全世界的廚師和食客在想要來點熱度、吸引味覺注意時，都會伸手去拿辣椒。在過去，這個領域算是黑胡椒的舞臺，但辣椒逼得黑胡椒人氣下滑、退居老派刺激性食材之列。今天，辣椒才是王道。

史高維爾辣度指標和辣椒辣度分類

感謝威爾伯·史高維爾（Wilbur Scoville，也可以用我偏好的稱法來叫他：「熱褲」）在1912年設計出這一套指標，讓我們對辣椒究竟有多辣能有個基本概念。平心而論，這並非全然準

確的工具，因為它根據的是品嘗者個人對辣椒素的敏感度，可是這因人而異。還有其他更精確的標準，那就是「高效液相層析」，是一種浮誇的測量方式，可測量受測辣椒中造成辣椒辣度的生物鹼占百萬分之幾的含量。

　　畢竟廚師的目的是做菜，所以最好是用以下分類來看待辣椒：

1　甜（甜椒、番辣椒〔pimento〕）

2　溫和（獅子椒〔shishito〕、安納海辣椒〔anaheim pepper〕、墨西哥波布拉諾辣椒〔poblano〕、紅椒粉）

3　中辣－溫和（墨西哥哈拉貝紐辣椒〔jalapeño〕、帕德龍椒〔padron〕）

4　中辣（墨西哥哈拉貝紐辣椒、新墨西哥辣椒〔New Mexico，或作Hatch哈奇〕、瓜希柳辣椒〔quajillo，或作mirasol〕）

5　中辣－辣（墨西哥哈拉貝紐辣椒、賽拉諾辣椒）

6　辣（阿波辣椒、卡宴辣椒、泰國鳥眼辣椒〔Thai Bird〕）

7　要死了怎麼這麼辣（哈瓦那辣椒〔habanero〕、蘇格蘭圓帽辣椒〔Scotch bonnet〕）

8　根本比＊%#&@還辣，你是瘋了嗎？（印度鬼椒〔Ghost pepper〕、千里達毒蠍椒〔Trinidad Moruga Scorpion〕、卡羅萊納死神辣椒〔Carolina Reaper〕）

9　胡椒噴霧

10　純辣椒素

11　死亡

辣椒風味分類

如果有食譜說要用其中一種辣椒，而你又需要替換，就使用相同風味類別的辣椒，再檢查打算使用的辣椒辣度（如果要用的辣椒比較辣，用量就要少一點）。我列了幾種我最喜歡用的辣椒，按照辣度從左到右遞增排列。

- 水果風味：瓜希柳辣椒、秘魯黃辣椒（aji amarillo）、泰國鳥眼辣椒、哈瓦那辣椒
- 煙燻風味：安丘辣椒（即煙燻的墨西哥波布拉諾辣椒）、奇波雷煙燻辣椒（煙燻的墨西哥哈拉貝紐辣椒）
- 蔬菜風味／草味：墨西哥波布拉諾辣椒、安納海辣椒、帕德龍椒、獅子椒、哈拉貝紐辣椒、賽拉諾辣椒

你可能會注意到哈拉貝紐辣椒在我整理的三大類辣椒風味中都有出現——這是為什麼？哈拉貝紐辣椒的史高維爾辣度，正如一則種子目錄的廣告所說，會因栽培品種不同而可能介於1,000度到15,000度或20,000度之間。精明的讀者或許能預測我大概會怎麼說哈拉貝紐辣椒了？沒錯，這東西**徹底**不可靠。實在可惜，我真的挺喜歡哈拉貝紐辣椒的說。但我更喜歡的是哈拉貝紐辣椒所代表的概念——它具有草香、明亮風味、明顯辣度，卻又非常溫和。但市面上這樣的哈拉貝紐辣椒風味已參差到難以掌握理想辣椒何處尋。「年輕人，那邊那位超市員工——拜託告訴我，這是哪個品種的哈拉貝紐辣椒？這樣我才知道有多辣。」知道問題出在哪裡了吧？有人指出問題出在商業化生產、口味溫和的冷凍哈拉貝紐辣椒鑲乳酪小點心實在太受歡迎，已經滲透了原本由較辣的哈拉貝紐品種稱王的市場，

但我找不到可靠的消息來源支持這則辣椒八卦。無論如何，哈拉貝紐的招牌多少已經砸了。受人尊敬的美食作家南西‧拉森（Nancy Leson）在自家都稱這種辣椒是「haole」（意指白人）辣椒——因為這種辣椒溫和不辣的辣度。而記者馬克‧拉米雷茲（Marc Ramirez）則戲稱這種辣椒為「好雷貝紐辣椒」（haolepeño）。如果有食譜要用哈拉貝紐辣椒，我會用1：1的比例換成賽拉諾辣椒，這種辣椒比較小，辣度很也很一致。

> **趣味小知識** 卡羅萊納死神辣椒是全世界最辣的辣椒之一，在史高維爾辣度表上辣度約為150萬度，是由美國帕可霸辣椒公司（PuckerButt Pepper Company）栽培出來的。

以新鮮辣椒和乾辣椒入菜

新鮮辣椒很容易處理：只要清洗乾淨、切開（記得戴手套！），然後下鍋煮或加進莎莎醬或沙拉裡就行了。如果整顆拿去烤（用烤爐、烤架或平底鍋都行），還能增添額外的風味。燒烤能讓辣椒除了基本風味以外，再增添繁複的烘烤氣息。

乾辣椒擁有不可思議的風味，而且超級方便，基於以上原因，當我想加點辣時多半會使用乾辣椒。乾燥的過程能濃縮風味化合物，讓辣椒散發出如同水果乾一般的香氣。如果一邊乾燥還一邊加上煙燻，就會再多一層香氣。

若想讓乾辣椒風味發揮到極致，要先用下列任一方式烘烤：

1　若只需要少少幾根辣椒：放進鍋子裡用中火烘，頻繁翻動，

大約烘三、四分鐘，或直到辣椒鼓脹、變軟、發出香氣為止。

2 若需要使用較大批的辣椒：烤箱預熱至華氏350度（約攝氏176度），將辣椒鋪在烤盤上，烘烤約十分鐘或烤到辣椒鼓脹、變軟、發出香氣為止。記得要常常翻動。

3 使用微波爐：把辣椒散放在盤子上，用高火力以每次15秒的長度總共加熱約30秒，或直到辣椒變軟且發出香氣為止。

清理辣椒

我發現，乾辣椒烘烤過後會比較好清理，因為辣椒會稍微膨脹，比較容易摘除辣椒梗。搖一搖能讓辣椒籽掉出來，如果希望辣椒別這麼辣，就盡量把白膜也清掉（記得戴手套！）。乾辣椒一旦清理好之後，就可以泡水發大了，只要加熱水泡個10到15分鐘即可。如果要做辣椒泥、辣椒醬汁、墨西哥混醬和辣醬的話，那麼辣椒和泡辣椒的水都要用到。辣椒也可以切塊加進燉肉或湯中，或是磨成辣椒粉。烤過的新鮮辣椒可以切碎直接使用，若去掉白膜跟籽就會比較不辣。

想看乾辣椒烘烤、清理和磨粉示範，請至bit.ly/2pGrHAs。

整根辣椒與辣椒粉的替換比例

如果某食譜要用泡過水的完整乾辣椒，你手邊卻只有新鮮辣椒，可以用1：1的比例來替換，不過你會損失少許辣椒在乾燥過程中所產生更深邃、繁複的風味，尤其是煙燻辣椒（在這種狀況下當然可以先把新鮮辣椒烤一烤）。警告：這並不是最科學的做法，因為每根辣椒的辣

度都不一樣（請見第145頁關於哈拉貝紐辣椒的討論）。使用會辣的辣椒時要持續試味道——加一點、嘗嘗看、然後再加一點。

- 每1條大的乾辣椒或新鮮辣椒可以用尖的1大匙乾辣椒粉替換。例：1根乾的安丘辣椒：尖的1大匙安丘辣椒粉
- 每1條中等大小的乾辣椒或新鮮辣椒，可用2小匙乾辣椒粉替換。例：1根乾奇波雷煙燻辣椒：2小匙奇波雷煙燻辣椒粉
- 每1條小的乾辣椒或新鮮辣椒，可用1/2小匙的乾辣椒粉取代。例：1根小的卡宴辣椒：1/2小匙的卡宴辣椒粉

保留風味，痛感稍減

要把食物變辣，比起把食物變不辣容易多了。如果你知道自己是在幫一群飲食口味各異的人做菜（吃辣戰士、吃辣幼幼班，和程度介於兩者之間等等的人），只要在桌上提供小碗的紅椒片或切碎的新鮮辣椒即可。如果煮的是湯、咖哩或辣肉醬，你又想讓整道菜都充滿較辣的辣椒的風味和辣度，可事先分出一部分比較沒那麼辣的，用小鍋幫不喜吃辣的朋友另外煮。

如果你希望菜餚中有辣椒的風味，但又不希望太辣，以下是幾個小技巧：

1 去掉白膜（辣椒裡面的中肋、也就是種子附著的白色部分）。白膜是辣椒最辣的地方，這點可以記起來，碰到你家

附近酒吧辦冷知識之夜，或你叔叔說辣椒籽最辣的時候可以用。不過你叔叔倒也不完全是錯的，因為辣椒素也會跑到辣椒的種子和內壁裡面，但這是因為距離太近的緣故，而不是籽本來就辣。想大幅降低辣度，可把富含辣椒素的辣椒籽也去掉。還有，白膜還會讓菜吃起來有點苦苦的，所以去掉白膜也能降低苦味。

2　等料理做好的時候再加紅辣椒片或辣椒粉，能增添衝擊力十足的辣味；至於若是一開始做菜就加進去，則能讓辣椒素滲透在整道料理中，兩種做法效果各異其趣。

3　在湯、醬汁或燉菜裡放整條辣椒——不要切開——讓白膜部分不跟液體混合。有時候我會把切開一條縫的新鮮辣椒放進紗布袋，這種做法在烹飪和試味道的時候比較好掌控，一旦達到想要的辣度和風味，就可以整袋拎起來。第107頁的地瓜湯就示範了這個技巧。

　　如果你不小心失手放了太多卡宴辣椒在湯、燉菜或熱炒料理中——菜現在根本就像著火一樣，而來用餐的客人20分鐘之內就要到了——深呼吸，不要慌，以下是幾種可能的解決辦法，按重要性排列：

1　乳製品，更明確是動物性乳品中的酪蛋白（豆漿和堅果奶的效果沒那麼好），會和辣椒素結合，把辣椒素從舌頭上帶走，讓辣的感覺變溫和、從而舒緩味覺。若這道菜有鮮奶油或乳酪是可以成立的，就加些鮮奶油或乳酪進去。也可以在食物上放酸奶油或優格。若全都不行，就直接在桌上放杯牛奶。熱辣辣的印度咖哩會搭配冰涼的印度優格醬（優格加清

涼的薄荷和大黃瓜）不是沒有原因的。

2 辣椒素是脂溶性的，所以加點橄欖油或其他類的油品，多少
會有幫助。如果你不想加乳製品的話，最好記住這一點。有
些人則信誓旦旦說加堅果醬（倒也是有理）能降低辣度。

3 在食物裡加入甜味也能轉移味覺的焦點，讓口中滿滿的燃燒
小太陽不再占據著注意力。蜂蜜、糖、果汁……手邊有什麼
就用什麼。你會發現，超辣但有水果香的哈瓦那辣椒放在辣
醬裡，可以跟芒果或其他水果平衡得很好。如果你擔心料理
口味太甜，可以加醋或柑橘類水果來重新平衡。越南料理中
有種全方位沾醬「渃蘸」（nuoc cham，食譜見第172頁），
是由辣椒、萊姆汁、糖和魚露做成的完美平衡醬汁。雖然很
辣，但甜、鹹和酸等口味彼此平衡，降低了醬汁中辣味的突
出度。越南菜和泰國菜就是這類平衡的典型。

4 增加菜餚的分量，加入更多其他食材，讓辣度均勻分散到更
多食材上。

5 用澱粉類食物搭配上桌以抵銷辣度，如搭配白麵包或白飯。

最沒什麼用的就是驚慌失措、然後拼命灌水。因為辣椒素
不是水溶性的，所以喝水最大的效果就是把這種痛楚均勻散播
到口腔各處。或許朋友會建議喝啤酒，因為她聽說酒精可以溶
解辣椒素。雖然是真的，而且冰啤酒配你的五顆星辣度泰國紅
咖哩雞聽起來超讚，但啤酒、甚至雞尾酒裡的酒精含量根本少
得不足以溶解辣椒素。不過如果有人要貢獻家裡的私釀酒，趕
快說好。

辣椒灼傷急救

你怎麼可能不愛《廚藝畫刊》（*Cook's Illustrated*，暫譯）？他們真的找了志願者把辣椒抹在皮膚上和嘴巴裡，以測試各種緩解痛苦的治療法。以下是他們的發現：

> 結果，過氧化物會和辣椒素分子產生反應，改變辣椒素的分子結構，使之無法和我們的受器結合。若有小蘇打之類的鹼性物質，過氧化物的效果更好：我們發現用1/8小匙小蘇打、一大匙水和一大匙雙氧水（過氧化氫）調成溶液，清洗被辣到的部位或當作漱口水（用力漱約30秒），即可降低辣椒引起的燒灼刺痛感，變成溫熱的感覺。

如果你手邊剛好沒有過氧化氫和小蘇打，這邊有我個人經過測試、也保證有效的辦法（我替顧客做料理時，不小心在切了泰國辣椒之後又碰了自己嘴唇）。步驟如下：先用肥皂和少許的水清洗患處（肥皂可以分解辣椒素油），接下來可以擦點藥用酒精；不然，在緊急的時候，也可以用龍舌蘭酒、琴酒或伏特加（我就只有這些而已！）。最後抹上優格或酸奶油；痛感會緩和一些，至少當我的客人走進門，發現我坐在椅子上滿身大汗、嘴上塗滿優格的時候，我的狀態是緩和了沒錯。

萬一辣椒碰到眼睛怎麼辦？西雅圖的藥草與香料供應商「糖丸」（Sugar Pill）的老闆娘凱琳‧舒瓦茲（Karyn Schwartz）給我一些建議。若你跟我一樣沒戴手套就切賽拉諾辣椒，然後又不小心去揉眼睛（我有提過切很辣的辣椒時一定要戴手套的重要性嗎？），就派得上用場。她跟我說的辦法就跟聽起來的一

樣扯：這招叫「掃」，你要用自己的長髮——或者拉旁邊隨便哪個人的髮尾——掃過眼睛。這是因為髮絲上的天然油脂會吸附部分辣椒素分子。用更多頭髮擦過眼皮上方，直到灼熱感降低為止。有一次她伸手去拿架子高處的1加侖裝整罐卡宴辣椒，結果那一大罐辣椒直接打開撒了她整臉，親身經驗教會她一課。不然，如果你跟我一樣留短髮（或沒有頭髮），就趕快弄點牛奶到眼睛裡。相信我，你這時候尊嚴早就沒了。

警世的辣椒奇譚說歸說，還是要提醒：務必先用少許油炒新鮮辣椒，讓辣度略微降低，再放進攪拌器。若不這樣，你做出的特辣辣醬或辣椒醬汁辣度可能足以把左鄰右舍都給辣飛。

按比例增加食譜裡的辣椒用量

我的建議是避免直接按比例增加辣椒用量，原因很簡單：很多種辣椒的辣度並不一致（說的就是你，哈拉貝紐辣椒）。你可不想在按比例加了28根辣椒之後，卻發現自己運氣有夠好，拿到的是這批哈拉貝紐辣椒裡最辣的。如果食譜說要用三根賽拉諾辣椒，而你要做三倍的量，那就先從四根或五根開始加起，然後邊做邊試味道。不夠辣的話隨時可以再加。

烹飪講師暨作家凱倫‧朱根森（Karen Jurgensen）告訴我，她用辣度較溫和的辣椒時會按比例增加，但對辣度高的就會比較保守。她用丁香和白胡椒粉時也很小心，因為「丁香會搶盡鋒頭——那種風味沒那麼快消失」。就跟辣椒一樣，任何刺激性食材加得太多，都會破壞你的味覺感受。

打破辣椒迷思

能在不試吃的狀況下看出辣椒有多辣嗎？

不行。光是嗅聞、看辣椒有多尖、數辣椒上隆起處或癒合線有幾條、放到耳邊期待它跟你說話，或任何道聽塗說、想像出來的方法都沒辦法告訴你辣椒到底多辣。不過你可以把蒂頭切下來，輕碰舌頭，這跟咬一口差不多，但是沒那麼痛苦。

吃辣椒會「毀掉」你的味蕾嗎？

不會。我們已經知道辣椒的辣影響的並不是味蕾，而是跟溫度與痛覺偵測相關的神經。新墨西哥州立大學辣椒研究中心主任保羅・波斯蘭（Paul Bosland）說，就算是吃了紀錄中最辣的辣椒前幾名的千里達毒蠍椒，口中的那種麻痺感通常也會在24小時之內消退[28]。

辣椒到底該怎麼拼？是 CHILLI、CHILI、還是 CHILE ？

把辣椒的英文拼成 chile 很常見，其實主要還是取決於你住在世界上哪個角落。以下是幾個簡單取巧的原則，告訴你若在美國碰到這些字，到底哪個是指哪個：

- chilli：請你人在英國時再這樣拼。
- chili：指墨西哥辣肉醬（chili con carne）這種口味介於溫和與中辣之間的番茄肉醬燉豆子。可是呢，不是這道料理的所有版本都會放豆子，有些人覺得放豆子形同褻瀆。

---

28. Natalie Wolchover, "Myth Debunked: Spicy Food Doesn't Really Kill Taste Buds," *Live Science,* September 12, 2012, www.livescience.com/34213-spicy-food-taste-buds-myth.html.

- Chili's：源自美國的連鎖休閒餐廳，主打德墨風味料理。
- Chile：南美洲國家，也是一種風味濃郁的椒類，可以為食物增添水果香、煙燻風味、蔬菜風味或大地風味，還有各種程度的辣度。

我們在此咬文嚼字的同時，可愛的烹飪老師暨作家艾耶則是對別人用spicy（富香料味）來形容辣度這件事情大為光火。他拜託我們「只能把spicy這個詞用在散發香氣的香料上」。

大蒜和洋蔥

若料理是一棟房子，大蒜和洋蔥就是地基，這麼說一點也不誇張，至少也是世界上大多料理對「臭玫瑰」的推崇。「臭玫瑰」當然不是真正的玫瑰花，而是對氣味刺激又多元的蔥屬植物家族的暱稱。我聽到你納悶的心聲了：「我們已堂堂邁入第九章，結果你現在才要幫料理殿堂的地基灌漿？」

在料理中添加蔥屬植物的確很美妙，能帶來甜味、辛辣味和鹹香味，就看你的煮、切和保存方式為何。我把蔥屬植物放在辣的這一章，是因為除了全熟的大蒜與洋蔥以外，這類植物都有種立刻能讓人辨識出來的銳利感，而辛辣刺激的感受也對味覺衝擊力十足。但蔥屬植物真的是美食的基礎嗎？我會把這些植物歸入類似香氣食材的陣營（因為的確是挺香的）。簡單來說，我相信許多廚師在做菜時，會有種類似檢查表的東西，先列出重要而大膽的風味：大蒜！辣椒！香料！他們會確定自己確實有這些材料，同時卻可能忽略成就一道好菜更重要的關

鍵——食材的品質，以及鹹、酸、甜、油、苦和鮮味的適當運用。我吃過生大蒜多過頭的料理，多到都能留下一條化學尾跡在我嘴裡了。我也看過數不清的沙拉，簡直就像被生洋蔥霸凌一般，完全吃不出其他食材細緻的味道。大蒜和洋蔥就跟辣椒一樣，在料理中的影響力可觀，掌廚人必須小心使用、也要把這些食材的威力放在心上才行。

生物戰

當一隻蟲、一隻鳥，或和你一樣的哺乳動物咬下一口大蒜時，生化戰就開始了。牙齒（或刀子）破壞了大蒜的細胞，使得兩種分子碰了頭，分別是蒜胺酸這種胺基酸，以及蒜胺酸酶這種酵素——愛得難捨難分、你儂我儂之際，就製造出了蒜素（也就是讓吸血鬼裹著斗篷發抖的東西）。

大蒜的品種、生長環境，還有用來煮大蒜的油脂（奶油會使大蒜風味更柔和，而不飽和植物油則能帶出更多大蒜的獨特風味），都會影響大蒜的威力強弱，對於烹調時間短的大蒜更是如此。同樣重要的還有大蒜的處理方式，切碎、壓泥或切成薄片的方式也會造成風味差異。蒜瓣被「折磨」得愈厲害，蒜素就愈強——大蒜也就愈猛、愈辛辣、愈濃。

趣味小知識 只有傻瓜才會想靠刷牙解決久久不散的大蒜味——根本沒用。內行的大蒜「味道人士」會直接去啃蘋果、生菜或薄荷葉等富含酚類化合物的東西。酚類化合物是芳香化合物，會跟大蒜裡造成濃烈而充斥死亡氣息的化合物產生反應。同時，這三種食物也富含多酚氧化醇和還原酶這兩種酵素，據說可加速上述反應，促

使大蒜味迅速揮發[29]。

　　丹尼爾‧格雷澤（Daniel Gritzer）用大蒜做了很多剁碎跟壓泥的實驗，以此釐清處理方式是如何影響大蒜的風味強弱。他發現，想製造出辣到恐怖又多汁的生大蒜，最快的做法就是把大蒜磨成泥，因為這是破壞細胞最有效的方式，能乾淨俐落地製造出蒜素。整體看來，切碎似乎是最佳做法（我也同意），因為跟磨或壓成泥相比，切碎時破壞的細胞最少，只會帶來少許鮮明的生大蒜嗆辣味，但大致上依舊保有「大蒜感」。加熱的時候，切碎的大蒜也不會像磨或壓成泥的大蒜那麼容易燒焦，而且還會變得較甜、也較芳醇[30]。

生大蒜的風味變化

　　按照強度，從強到弱遞減排列；以下是切（或不切）的方式對生大蒜風味與質地所造成的影響，以及這些選項最適合運用在哪裡：

- **磨成泥**：容易燒焦，氣味刺鼻、多汁、適合做義大利蒜泥醬（aiolis）
- **壓成泥**：有少許汁液，不如磨成泥那麼刺鼻，製作效率沒那麼好（會有一些卡在壓泥器中下不來）、容易燒焦
- **手工切碎**：辛辣、用途多樣、不容易燒焦、煮過之後比較甜
- **切片**：非常適合做浸泡汁或滷汁

29. Rita Mirondo, Sheryl Barringer, "Deodorization of Garlic Breath by Foods, and the Role of Polyphenol Oxidase and Phenolic Compounds," *Journal of Food Science*, 81, no 10 (2016): C2425–C2430, doi: 10.1111/1750-3841.13439.
30. Daniel Gritzer, "The Best Way to Mince Garlic," *Serious Eats* (blog), January 9, 2015, www.seriouseats.com/2015/01/how -to-mince-chop-garlic-microplane-vs-garlic-press. html.

- **整顆壓扁**：非常適合做浸泡油或醬汁，味道溫和

　　但如果是想用生的，或短時間略煮過的大蒜，又不想要造成大蒜變嗆、變辣，該怎麼辦？可以用水沖！把大蒜切碎或切片，放進篩網、用溫水沖洗。會有很多蒜素被水沖掉，大蒜的辣度立刻就會降低了。

熟大蒜的風味變化

　　按照強度，從強到弱遞減排列；以下是大蒜因烹煮方式不同而出現的風味變化：

- **加熱太快，呈深棕色甚至燒焦**：苦味；有刺鼻的臭味（扔了吧）
- **用植物油和小火慢慢加熱**：味道強烈、會辣、稍微帶有甜味
- **用奶油和小火慢慢加熱**：銳利的稜角已經軟化；辣度降低；稍微帶有甜味
- **煮至褐色且變軟**：焦糖風味、更甜、溫和、不辣
- **烤到非常軟**：非常甜、烘烤香氣、圓潤、奶油香、溫和

　　在以大蒜為主角的菜餚中，為了盡量把大蒜風味發揮出來，要用多種方式處理大蒜，製造多層次的效果。把壓扁的整顆蒜瓣浸在油或奶油中，小火加熱，直到大蒜滋滋作響，繼續以小火加熱約10分鐘，然後把大蒜濾出來（丟掉），直接用油來做菜。可再加些切碎的大蒜跟主要食材一起煮。烹調的最後20分鐘，再加一些切得非常薄的大蒜片，錦上添花。如此一來，成品中既有融合得宜且甜美溫和的大蒜味、半熟蒜片的微微辣味，又不至於讓整道菜都是一種大蒜味制霸全場。

務必留心大蒜的切法與煮法，因為這會影響整道菜的平衡。如果不希望大蒜太辣，可以沖沖水，或煮久一點、讓味道變溫和。如果想要辛辣味，就直接使用生大蒜，或略煮一下即可。除非你打算做「大蒜的50道陰影湯」，不然，少就是多。

大蒜的種類跟風味特色

- **硬梗蒜**：如果你看過這類大蒜，很可能是在氣候冷的地方的農人市集中看到的，因為硬梗蒜在涼冷的氣候下才長得好。硬梗蒜很好認，因為蒜瓣中間的梗是木質的硬梗。氣味濃烈、很辣、比軟梗蒜更嗆。大蒜迷對此品種瘋狂，還會像蒐集棒球卡那樣到處尋覓各種栽培種。

- **軟梗蒜**：可能是最常見的大蒜；蒜瓣數量比硬梗種多，也沒那麼辛辣。

- **象蒜（Elephant garlic，也叫野牛蒜）**：這種比較溫和的大蒜其實根本不是大蒜，而是韭蔥的變種。整體來說有點洋蔥風味，而且個頭很大（比小嬰兒的拳頭還大，但是比電動汽車小啦）。很好剝，非常適合慢慢烤出黏稠香甜的質地。

- **野韭蔥（Ramps）**：野韭蔥是大廚的心頭好，是能夠靠野外採集而來的野生洋蔥，但我把野韭蔥歸在大蒜類，因為野韭蔥有類似大蒜的風味，味道又甜又嗆，是熊蔥（又名野蒜）的近親。野韭蔥用來做義大利麵非常棒，烤過之後配牛排、用來醃漬，或跟春天的羊肚菌一起丟在披薩上都非常美味。

- **蒜苗（青蒜）**：主要在農人市集上才看得到，蒜苗是大蒜尚未成熟時的完整植株，包括大蒜鱗莖和青綠的葉片，通常在早春採收。烹調方法跟韭蔥或青蔥一樣。

- **蒜薹（蒜的花莖）**：晚春時，青蒜會長出又扭又捲的花莖，準備開花。農人通常會剪掉花莖，好讓更多能量進入蒜頭部位。不過農人也很聰明，乾脆把蒜薹當青菜來賣。蒜薹可以浸在醬汁裡、烤成麵包布丁，或是炒一炒加入義大利麵中。蒜薹比柔軟的蒜苗稍微硬一點。

- **發酵黑蒜**：如果你看過用收縮膜包住的大蒜，模樣像是從《綠野仙蹤》裡西方魔女家食品儲藏室拿出來的東西，那你其實碰上了市場裡「最新型態」的大蒜。發酵黑蒜其實並不是真的經過發酵（就不能幫人家取個正確的名字嗎？），而是用長達幾星期的時間，讓整球大蒜慢慢乾燥並焦糖化。這麼做的結果是香甜、質地如牛奶糖、濃郁溫和，卻會令口齒留香的大蒜風味。黑蒜有松露、蘑菇、黃豆和焦糖的風味特色。它仍是大蒜，卻不再辣口，可能更適合搭配鮮味或甜味，甚至苦味。你對它有初步了解了，那就給黑蒜一個機會吧，不妨加入醬汁、油醋醬中，或是跟奶油混合，一起融在牛排上。

洋蔥的種類與風味特色

記得在我上廚藝學校的時候，有位主廚指導老師叫我去幫他拿洋蔥。等我到了食品儲藏室，結果發現眼前一片色彩斑斕，簡直是洋蔥彩虹國度。我每種都拿了一顆給他，後來我才知道，如果沒有特別指明，通常就是在說黃洋蔥。以下是少數幾種最常見、你很可能會碰到的洋蔥。

- **黃洋蔥／褐洋蔥**：最便宜的洋蔥，適合各式烹調法，生的時候挺辣的，焦糖化以後非常甜

- **白洋蔥**：嗆、含水量高；很脆、適合做莎莎醬

- **紫洋蔥**：很漂亮──尤其是醃漬起來的時候；味道比白洋蔥

或黃洋蔥都溫和，適合做漢堡、三明治和沙拉

- 甜洋蔥（瓦拉瓦拉〔Walla Wlla〕甜洋蔥、維達麗亞〔Vidalia〕洋蔥、茂伊〔Maui〕洋蔥）：生吃很棒、很甜，能做出很棒的洋蔥圈

- 青蔥／蔥：風味溫和、很快就熟；辣度不及黃洋蔥、白洋蔥或紫洋蔥；蔥白部分風味最濃，蔥綠部分微辣

- 綠洋蔥：尚未成熟的結球洋蔥植株，味道比青蔥更濃，白色部位煮過比較好吃；綠色部位可以切碎後生吃

- 奇玻里尼洋蔥（Cipollini）：義大利文中的「小洋蔥」；皮很薄；比黃洋蔥、白洋蔥跟紫洋蔥都甜；最適合烤或做成焦糖洋蔥

- 紅蔥頭：大廚的最愛；風味溫和、甜美又爽脆；辣度不及黃洋蔥、白洋蔥或紫洋蔥；適合做油醋醬跟沙拉

- 韭蔥：風味溫和，非常適合加入濃湯跟高湯；燉煮後味道圓潤如奶油；是洋蔥界的性感美味女郎

- 珍珠小洋蔥：「不知在搞什麼鬼」的洋蔥，即使是最新鮮的也要嬰兒的小手指才剝得了皮。那種冷凍、已經剝好皮的還可以——我覺得啦，但也不是特別甜或好吃，只是非常小而已；若堅持要用它，可以扔進馬丁尼或搭配其他我最喜歡的惱人食材：用金線瓜（質地水水的）、金針菇（漂亮可是沒什麼味道）、蒲公英葉（有夠苦！）和哈拉貝紐辣椒（辣度不一致），這樣就能做出一盤「不知在搞什麼鬼」的沙拉

愛哭鬼

你在切開洋蔥、破壞它的細胞壁時，一連串的化學反應會讓揮發性的硫化物（propanethial-S-oxide，丙硫醛-S-氧化物）跑進你眼裡的水分中，兩者就在你眼裡形成——也不是很糟的

東西啦——**硫酸**。於是，眼睛會有灼痛感（因為酸的關係），然後你會開始流眼淚，好帶走硫酸。鼓勵各位不妨把大蒜、洋蔥跟蕁麻全加入「企圖殺掉我們的食物」清單上。

為了降低洋蔥的嗆辣和讓人痛哭流涕的本事，尤其你打算端上桌的是生洋蔥或醃洋蔥時，你可以在洋蔥切碎或切片之後用熱水沖一下，以沖掉讓人流淚的化合物（稱為催淚劑）。還有，洋蔥切好之後不要放太久，因為放得愈久就愈嗆。

至於那些號稱能讓你不再流淚的迷思，如拿根火柴伸進嘴巴、嚼口香糖，或是在房裡點蠟燭——沒一個管用，還是相信科學吧。防範眼淚決堤的最佳辦法，除了沖洗洋蔥以外（你菜都切一半了，這其實也沒什麼用了），就是戴蛙鏡或隱形眼鏡。第二好的辦法，可以用冰凍洋蔥（有助減緩化學反應），或者打開風扇，吹走這些氣體。好刀工也有幫助，因為如果你切好了洋蔥，卻發現太大塊，又回頭用花式刀法劈砍一番，就會破壞很多細胞壁。總之請三思而後切，或者，用烹飪語言來說，就是：好好練刀工！看我示範如何切洋蔥丁和洋蔥絲的影片，請至bit.ly/2qAseEe。

還有，經驗豐富並不會讓你所向無敵。每隔一陣子，我都會切到特別嗆的洋蔥，還要去洗臉、擦眼睛，因為眼睛又痛又紅又淚汪汪，一副剛一口氣看完《斷背山》、《鐵達尼號》和《辛德勒的名單》的可憐樣。要解除洋蔥化學戰危機的唯一辦法，就是加熱：烹煮會讓酵素失去活性，所以請盡情一邊在鍋子上方蒸你的眼睛，一邊嘲笑被火和人類智慧擊敗的洋蔥吧！

如何拯救大蒜味或洋蔥味太重的菜色

有時候這些食材的「辛辣」會失控，當然就得要導回正軌才行。以下建議按照應該嘗試的優先順序排列。

1 可能的話，繼續加熱洋蔥和大蒜，因為這兩樣東西煮得愈久，風味就愈柔和。烹煮可以破壞嗆辣的化合物蒜素，將其轉化為各種多硫化物。蒜素可溶於酒精；而多硫化物則是脂溶性的，所以……請見2。

2 兩邊押寶，在料理中加點油脂、也加點酒精（如果適合這麼做的話），好讓這些化合物變得更柔軟、溫和，也不那麼辣。

3 如果是蔥蒜制霸全場的生食菜色，請參考第172頁的越南魚露酸甜醬汁「渃蘸」食譜。加點糖或酸以轉移注意力，令人多少忽略洋蔥或大蒜的辛辣。

4 加大分量或稀釋，其他每樣材料都多加一些，或是另外做一份沒有蔥蒜的相同菜色，然後把兩種混在一起。

> **趣味小知識** 許多跟「辣」有關的食材──黑胡椒粒、辣椒、還有大蒜──都有抗菌特性。有研究指出，大蒜能百分之百消滅所碰上的細菌[31]。

我的烹飪夢魘

雖然蔥蒜受到全世界的推崇，但我要告訴你一件很偏激的事：即使不用蔥蒜，也能做出很棒的菜。你可能會說，那是因為我在這方面很有經驗。那如果我問你，一個主廚對什麼東西

31. "Food Bacteria-Spice Survey Shows Why Some Cultures Like It Hot," *Cornell Chronicle*, (1998): www.news.cornell.edu/stories/1998/03/food-bacteria-spice-survey-shows-why-some-cultures-it-hot.

過敏最悲哀，你會說什麼？沒錯，就是大蒜和洋蔥。我走上烹飪之路15年後，竟開始對大蒜嚴重過敏（尤其是生大蒜）、對洋蔥也輕微過敏。這聽起來像個笑話，但一點也不好笑。我把心一橫，確定仍有其他事情值得我好好活下去，接著便學會不用大蒜和生洋蔥（熟的我還受得了）做出好吃得不行的料理，客人根本不知道裡面沒有加蔥蒜。你覺得這是不可能的任務嗎？一開始我也這樣想，但我運用了這本書裡提到的所有知識，做出每個要素都規規矩矩的菜——規矩到什麼都不缺。當然，我不是在說自己能變出有大蒜味的無大蒜版蒜香雞翅，但若擺明不走蒜味炸彈路線的料理，我會確定菜餚中的鹹、酸、甜、油、苦、鮮、香、他種辣味元素和質地，全都各得其所。照理來說，這本來可能終結我事業的毛病，卻成了促使我寫這本書的鼓舞力量之一。平衡之道比任何單一食材——甚至整個「同系列」食材——都重要，無論那種食材多受大家喜愛都一樣。我想念大蒜、想念沙拉醬汁裡的生紅蔥頭，也想念洋蔥圈。但今天的我，比起以前那個在蒜味薯條、煙花女義大利麵、韓國泡菜和超讚凱撒沙拉裡打滾的傢伙，廚藝已不可同日而語。

　　要替代大蒜，我會用切碎的新鮮茴香（有香味、質地和大

我不是說有某種食材的味道像大蒜、也足以取代大蒜，但每當我真的很想念大蒜的時候，會用自己研發出的一種混合食材來做菜。這東西很近似大蒜在烹飪中扮演的各種角色：明顯的辣味和嗆味、煮熟後會出現的一點點甜味，以及有如頂級香水般的濃烈氣息——土臭味。

163 辣

蒜類似、帶有微甜味）、一點點薑泥（辣）、一撮松露鹽（土味、濃烈、臭味），和一小撮名為阿魏（asafetida）的香料——這種香料取自生長在印度的草本植物，透過將其膠樹脂乾燥後製成，有硫磺味、臭臭的。我會用少許油小火炒香這些材料，直到所有材料都變軟、風味變溫和後，就代替大蒜來為食物調味。如果要幫會過敏的人做料理，可以採用類似的策略。只要了解每種食材為菜餚加入了哪些風味元素，那麼在尋找適合的替代品時，你就已經贏在起跑點了。

薑

市場上看到的薑大多是老薑。我家附近的日本市場上有時也看得到嫩薑（新生的薑），我想自己做醃薑（壽司薑）的時候就會買這種。

薑的有效成分是薑辣醇（gingerols）和薑酚（shogaols），這兩種成分在生薑中都很猛烈嗆辣。薑酚的味道比薑辣醇辣多了，在乾薑裡含有很多薑酚，這也是為什麼一點點乾薑味道就很厲害，而且跟新鮮的薑比起來，簡直就像兩種不同的生物。如果一定要用乾薑取代鮮薑、或相反過來操作，請使用這個比例：一大匙新鮮薑泥要以1/4小匙乾薑粉替換。薑煮熟以後，化合物就會被轉化成薑酮（zingerone），這是嚐起來比較溫和的化合物，而且還有微微的甜味。如果菜餚裡的薑太辣，破壞了平衡，可以多加些液體，再煮久一點，就能讓味道更溫和順口。

其他辛辣食材

山葵、辣根、蘿蔔和芥末是四種十字花科的植物。這是個粗魯而充滿激情的家族，能把你搞得臉紅脖子粗。這些食材不

跟你客氣、會讓涕泗橫流，然而一如所有失能家庭的成員，你就是會陷在裡面繼續自討苦吃。

山葵、辣根和蘿蔔裡的辛辣有效化合物在磨成泥或切開時會「活起來」。黃芥末中的化合物則是在壓碎或磨碎時受到觸發。和辣椒相比，這些植物中的化合物更溶於水，也就是說攻擊力道很強，但消失得也快；辣椒則是會折磨你很長一段時間。山葵的辣和風味很短暫，匆忙之間就一去不回頭了；刺激性在磨成泥之後五到十分鐘之內最強，但很快就開始消退，所以你看到的山葵常常得要做成粉狀或膏狀產品。

說到山葵，你可能已經知道了，但如果你本來不知道的話，我也沒打算顧慮你的玻璃心。你在壽司店吃到的「山葵」其實大部分都不是山葵。那是染成綠色的辣根，或許混了非常少量的真正山葵——但可能根本沒有。說句公道話，辣根和山葵是很像，不過山葵比較細緻。打個比方，辣根會直接K向你的鼻子；山葵要出手前則會先對你的耳朵呢喃些甜蜜的廢話。山葵貴非常非常多，所以大部分美國人其實都跟山葵不熟，可能還比較喜歡自己本來吃的那一種，而且不管怎樣硬要繼續稱之為「山葵」。

趣味小知識 山葵具有揮發性化合物，這也是壽司師傅會在生魚片和米飯之間放一點點山葵的原因。這種夾心效果能避免香氣（以及嗆鼻氣體最重點的部分）跑掉。

白蘿蔔是一種很美味、也常被忽視的食材，攻擊性略少於我們前面討論過的其他食材（特別是辣椒和生大蒜）。我用磨泥器把去皮的白蘿蔔磨成泥，擠乾水分後可以配炸豆腐、烤魚，

或放進湯裡。蘿蔔也能切成圓片來燉或滷，使味道變得柔和甜美，而且白蘿蔔有海綿般的絕佳質地，能吸收湯汁。如果你吃過越式法國麵包三明治（Vietnamese bánh mì sandwich），裡面可能就夾著跟胡蘿蔔一起稍微醃過的白蘿蔔，用來解豬肉的油膩。蘿蔔種類很多，但都有類似的爽脆、清新和微辛辣的口感——無論你吃的是搭配奶油和鹽的法國早餐蘿蔔，還是把嬌豔美麗的心裡美蘿蔔（watermelon Radish，或譯作西瓜蘿蔔、紅心蘿蔔）切成薄片丟進沙拉裡，當蘿蔔的魅力俘擄了你的舌頭時，你的味覺肯定深有所感。

山葵與辣根急救法

當鼻腔受到山葵和辣根的猛攻時，以下是幾個可減輕痛苦的小祕方：

- 放輕鬆，年輕人——如果你拼命用鼻孔噴氣，就會錯過這道菜其他細緻幽微的細節了。這就是壽司師傅看到客人把山葵攪進醬油碟就會內心淌血的原因。因為他們已經在魚肉裡加了分量剛剛好的山葵，讓山葵能襯托食物，又不至於壓過食物的味道。

- 山葵和辣根的氣味衝擊鼻道裡的黏膜時，可能會造成痛感。如果你一時間吃進的量太大，先用鼻子吸氣、再用嘴巴吐氣，以清除那些想飄離舌頭，一個勁往上直衝鼻腔的有效化合物。

芥菜真的是一種被低估的植物。有道經典的泰北料理「咖哩麵」（khao soi），裡面的醃芥菜就超好吃。芥菜跟寬葉羽衣甘藍及羽衣甘藍一起燉煮之後，能為菜餚添加一些辛辣感，讓青

菜吃起來更有趣。芥子在德國、法國和北歐菜色中的用途都很廣泛，而印度菜是更少不了在油中嗶嗶剝剝作響的芥子。我很愛芥子「魚子醬」的辛辣，冰箱裡總是有一罐供我隨時取用。這種魚子醬非常好做（食譜請見下方），放在燉肉、沙拉、乳酪盤上，或是混在奶油中拿去抹比斯吉都超棒。芥子魚子醬的辛辣和它為口中帶來的小小「爆破」真是妙用無窮啊。

芥子魚子醬

做法超簡單：1/2 杯黃芥子、1/2 杯米醋、1/3 杯水、1/3 杯味醂、一小匙砂糖、1/2 小匙海鹽一起放入小鍋中，以小火煮 45 分鐘，或者煮到芥子鼓起來為止。如果液體被煮得太少，就加一點水。用細海鹽適當調味。放在密封容器中冷藏起來，可保存數週。

辣味食材的保存建議

- **大蒜和窖藏洋蔥（黃洋蔥、白洋蔥、紫洋蔥）**：可放在紙袋裡、袋子上戳幾個小洞；或是放在籃子裡，擺在陰涼通風的地方。不要跟馬鈴薯放在一起，因為大蒜和洋蔥散發出來的乙烯會馬鈴薯發芽。

- **新鮮洋蔥、青蔥、韭蔥等**：放進稍為打開的塑膠袋、冰在冰箱的蔬果保鮮室，要用之前才洗。

- **薑**：放進塑膠袋，收在冰箱的蔬果保鮮室；或是放進夾鏈袋封好冷凍，需要時直接磨成泥使用。

- **（真的）山葵**：每一條根狀莖都要用濕的廚房紙巾包住，裝進打開的塑膠袋裡冰起來。照需求每隔幾天就重新沾濕廚房

紙巾。

- **各種蘿蔔，包括白蘿蔔**：放在稍微打開的袋子裡、收進蔬果保鮮室，一星期內吃掉。
- **芥菜**：放在稍微打開的袋子裡、收進蔬果保鮮室。若沒有即刻要用來料理，就先不要洗。

胡椒

我們能享受到類型各異的胡椒和多元的胡椒風味，是有賴幾個因素：不同的生長環境、採收時機（胡椒是一種藤本植物的果實），還有處理方式。

黑胡椒

黑胡椒是由各產區的成熟綠胡椒粒汆燙、乾燥後製成，因產區差異而有略微不同的風味特色。最著名的兩種是：

- 特利奇里（Tellicherry）黑胡椒，來自印度南部，這種胡椒留在藤上成熟的時間比大部分黑胡椒都長。味道又甜又辣。有深邃、濃郁且相當醇厚的風味。
- 楠榜（Lampong）黑胡椒，是印尼出產的一種比較小的胡椒，採收時間比特利奇里稍微早一點。香氣重、有柑橘味。風味有穿透力、辣勁持久。

如果你打算只用一種黑胡椒，我會建議特利奇里黑胡椒，因為我發現這種黑胡椒的用途比較廣。但說真的，只要是新鮮現磨（黑胡椒的香氣在約30分鐘後就會消失），任何一種黑胡椒都行。較高價的胡椒可以留著裹牛排或是做斯佩蘭札義大利麵（第110頁），這麼一來不會有太多其他食材跟它搶鋒頭，也

能好好品味大量黑胡椒的香氣與辣勁。

綠胡椒

　　綠胡椒是未成熟的「黑」胡椒。通常是醃漬的、也有某些是乾燥而成，味道比黑胡椒溫和，但依舊保有風味穿透力。綠胡椒常用在醬汁裡，在泰國料理中常出現。

白胡椒

　　或許有些人覺得白胡椒是地獄來的發霉樟腦丸，但白胡椒其實就是黑胡椒泡在水裡發酵兩星期後，再剝去種子外皮而來。白胡椒沒有黑胡椒那麼辣，但氣味更特別，所以喜歡的人很喜歡，討厭的就很討厭。根據我對自己同事的非正式調查，很多主廚根本不喜歡白胡椒，但美食作家暨顧問賈桂琳・邱池（Jacqueline Church）則不然，她把這種對白胡椒的負面偏見，歸咎於多數人家裡的白胡椒其實都放太久了。「我們都知道粉狀香料的揮發性化合物很快就會散掉。今年才出廠的罐裝新鮮白胡椒風味就很棒。沒人叫你去年或五年前，甚至是貝蒂・懷特（Betty White，譯註：美國女演員，生於1922年，代表作為影集《黃金女郎》）出生那一年的白胡椒。」她說。

　　另外也有可能是邱池聞不到化學物質莎草奧酮（rotundone）的味道，這種物質在白胡椒裡的含量非常豐富。澳洲科學家在研究希拉茲葡萄酒（Shiraz）的胡椒風味時，意外發現了這種化學物質。他們在研究中指出，受試對象中有20%的人對莎草奧酮毫無感覺。根據葡萄酒專家珍希斯・羅賓森（Jancis Robinson）的說法，若是葡萄酒中的莎草奧酮含量過高，就會有類似「燒焦橡膠」的氣味。過去法國料理使用白胡椒，是為

了避免黑胡椒在白色菜餚上顯得太礙眼，所以白胡椒的出現並不完全是出於風味考量。

粉紅胡椒和花椒

我很慶幸世上有這兩種「椒」存在，主要是因為，想知道跟你聊天的人是不是自命不凡的美食迷有兩種判定法。第一：這種人會告訴你薯蕷其實是一種橘色的地瓜。第二：他們一定會告訴你粉紅胡椒和花椒根本就不是胡椒。這兩件事我常掛在嘴上，所以我很清楚。但你呢？請容我顯擺一下。

粉紅胡椒其實是某種南美灌木的果實，有點胡椒味（啊哈！）但我認為粉紅胡椒更像是有柑橘味、花香味和微微甜味的香料，而非讓食物變辣的東西。粉紅胡椒很細緻，所以要用研磨器或杵臼處理，不該放在胡椒研磨瓶裡。

花椒跟柑橘類有親戚關係。用量大的時候，花椒會刺痛唇舌、麻痺你的味覺。邱池指出，花椒「有一種華人稱之為『麻』的特性，說白一點就是讓人麻痺——這是一種誘人的特質；若結合了辣的食物，就變成了『麻辣』。中菜在調合各種風味的功力上確實出色——隨便舉例就有酸辣、甜辣、麻辣。」另一種類似花椒、也會麻的香料是日本料理中的「山椒」，它是七味唐辛子的成分之一，另外也有其他用途。其有效成分是某種名為「山椒素」（sanshools）的物質，會同時啟動觸覺和碰到某種冷或涼的東西的感覺，以此徹底迷惑你的感官。吃點花椒或山椒，感受那通過臉上的輕柔電流——這種「high」根本就被大家低估了，而且還合法呢！但是就如其他諸多奇特、有趣的東西，用量只要一點點就很猛了。當然，除非你人在四川，這樣的話，請務必坐好抓牢——當地料理的「花椒油門」可都是踩

到底的！

鹽和胡椒之爭

各位親愛的過去與現在的食譜：

我就直話直說了。「用鹽適當調味」也該要和「胡椒」分道揚鑣了。分手的時候到了，而且場面會很難看，畢竟這對夥伴在一起實在太久了，若不能同時看到它們連袂出現，勢必令人對這種彆扭感難以適應。胡椒很棒，但絕對不應該因為沾了鹽的光而享有同樣的地位。鹽可謂打開大門的鑰匙、是能打開電燈的開關、是天上的太陽。胡椒則有如可有可無的圍巾，有些人圍起來好看、也真的把眼睛襯托得很美。但是面對現實吧：有時候圍巾就是跟某件毛衣不搭——簡言之就是糟。加鹽幾乎不會出什麼錯，而加胡椒只有偶爾才會對個一次。

實驗時間

　　幾乎許多越南菜都會搭上一小碟的越南魚露酸甜醬汁「渃蘸」，是我最愛的醬汁之一，因為這種醬汁風味大膽、清爽、辛辣得恰到好處。這本書所談到的大部分概念，這道醬汁都有。每個元素都能與其他元素相得益彰：鹹（魚露）、甜（糖）、酸（萊姆汁）、鮮（魚露）、辣（辣椒和大蒜）。等這個實驗做完之後，還會剩下少許醬汁。它可代替第173頁的火辣辣泰式烤雞翅中的自製辣椒醬，當成沾醬或沙拉醬汁（用來配放了許多新鮮香草、蔬菜和豬肉的涼米線特別美味）。

目的：了解加糖可削弱辣椒的辣度；以及大蒜的切法是怎麼影響大蒜風味的強弱

越南魚露酸甜醬汁「渃蘸」 1大杯

- 2/3 杯水
- 1/2 杯現擠萊姆汁（約需 3 顆萊姆）
- 2 大匙魚露
- 3 根泰國辣椒，切碎；或是 1 根小的賽拉諾辣椒，切碎（戴手套！）
- 2 大匙刨成細絲的胡蘿蔔（可略）
- 4 大匙砂糖，分成 2 份
- 2 小瓣大蒜

1   在有嘴的量杯中把水、萊姆汁、魚露、辣椒末和胡蘿蔔攪拌均勻。平均分成兩杯，一杯標上 1 號，另一杯標 2 號。在 1 號杯中加入兩大匙糖，攪拌到糖完全溶解為止。

2   稍微嘗一下 1 號。注意辣椒和糖相融而成的風味。現在再嘗嘗 2 號，沒有糖了，感覺應該比較辣，也比較不平衡。等你覺得自己已經了解糖在平衡方面所發揮的功能，就可以把剩下的兩大匙糖加入 2 號杯中，攪拌均勻。

3   下一個實驗的目的，是要了解大蒜的辣度會因為切法不同而有差別。用磨泥器或其他細刨絲器磨出剛好一小匙的蒜泥，加入 1 號杯。另外用刀切出很細的蒜末，精準量出一小匙後，加入 2 號杯。把兩個杯子的內容物攪拌均勻後，各嘗一點。注意大蒜的風味有什麼不同。把兩個杯子都蓋好、冰起來。第二天，再比較這兩杯中的大蒜風味各出現什麼變化。等比較完之後，把兩杯混在一起，再用來做菜。此醬汁放冰箱冷藏可保存一個星期。

火辣辣泰式烤雞翅

4人份開胃菜或2人份主菜

這道食譜主打多種會辣的食材：大蒜、薑、黑胡椒和辣椒。為了讓風味發揮到極致，前一天就要用香辣醬料來醃雞翅。搭配自製甜辣醬（或是用第172頁的越南魚露酸甜醬汁代替）和足量香米或泰國糯米飯上桌（如果不太能吃辣，就準備一杯冰牛奶）。

- 1/2杯切碎的香菜梗
- 4瓣大蒜
- 2到3根泰國辣椒，或1小匙卡宴辣椒
- 3大匙蠔油
- 2大匙現磨薑泥
- 1大匙現磨黑胡椒
- 1大匙魚露
- 2小匙香菜籽，烘烤後磨成粉
- 3大匙耐熱的油，如酪梨油，分成2份
- 2磅雞翅（可以的話，使用完整的雞翅，約900公克）
- 自製甜辣醬（食譜見後頁）搭配上桌

1 將香菜、大蒜、辣椒、蠔油、薑、黑胡椒、魚露、香菜籽和一大匙油用食物處理器或果汁機打成細緻均勻的泥狀，用來醃雞翅，至少要醃一小時，最好能醃過夜。

2 準備繼續做這道菜時，將烤箱以華氏400度（約攝氏205度）預熱。

3 在烤盤上鋪烤盤紙，將一大匙油均勻刷在紙上。把雞翅和醃醬通通倒在烤盤中，再把剩下的一大匙油也淋在雞翅上，烤到顏色呈棕色、邊緣酥脆、完全熟透為止，約需50-60分鐘。搭配甜辣醬一起上桌。

自製甜辣醬 1/2 杯

- 1/2 杯、外加 2 大匙的砂糖
- 1/2 杯米醋
- 1/4 杯水
- 3 大匙魚露
- 2 大匙雪莉酒
- 1/2 至 1 大匙的紅椒片（看你想要多辣）
- 3 瓣大蒜，切碎
- 1 又 1/2 大匙玉米澱粉，用 1/4 杯冷水溶解

1 將糖、醋、水、魚露、雪莉酒、紅椒片和大蒜放入鍋中，以大火煮到沸騰後轉中火，繼續煮十分鐘，或煮到湯汁收乾剩一半的量為止。轉成小火，加入玉米粉水勾芡，持續攪拌，讓湯汁變濃稠，約需兩分鐘。關火並嘗味道：應該會先嘗到甜味，然後分別是酸、辣和鹹味。如果醬汁不夠甜，就再加點糖。如果不夠辣，就多加點紅椒片。徹底放涼後可直接以室溫上菜，或者也可先冰過再上桌。放冰箱冷藏可保存數週。

鄰家食櫥的南方風味辣椒醬 約950毫升

我在朋友布蘭蒂‧韓德森（Brandi Henderson）於西雅圖創辦的烹飪學校「鄰家食櫥」教課。我們會把這款私房辣椒醬用在食譜中，或供應給客人吃。每到夏季地方上的農人辣椒大豐收的時候，鄰家食櫥就會有人做超大批的辣椒醬，因為加了各種辣度不同的辣椒而蘊含了滿滿的風味。這款辣椒醬風味濃郁、辣度中等，還帶有完美平衡的酸味，讓整個辣椒醬的風味鮮明了起來。這款辣椒醬每年總有幾次會「不小心」跟著我回家。噓！別告訴布蘭蒂。

- 1磅（約450公克）甜的紅椒
- 13盎司（約370公克）中辣的紅辣椒
- 3盎司（約85公克）很辣的紅辣椒
- 耐高溫的油，如酪梨油或玄米油
- 2杯蒸餾白醋
- 1/4杯水
- 2大匙砂糖
- 3又1/2小匙猶太鹽

1　預熱烤箱上層或烤架。

2　辣椒去梗後徹底清洗乾淨。加入足以讓辣椒裹上一層油的油量，放進烤箱或在烤架上烤，目的是烤出漂亮的焦痕，但不要烤到全熟。我喜歡看到辣椒上出現黑斑，但整條辣椒仍保有明亮的顏色。把烤好的辣椒（不用剝皮）放進食物處理器或果汁機打成泥，加點醋讓機器可以打得動。

3　用濾網壓濾辣椒泥，盡量多壓些辣椒泥出來。加水、糖、鹽和剩下的醋，蓋好，放進冰箱冰幾天。（其實馬上就可以吃了，但放久一點會更好吃。）過幾天後再嘗味道並視情形調整風味比例。放在密封容器中冷藏，可保存一年。

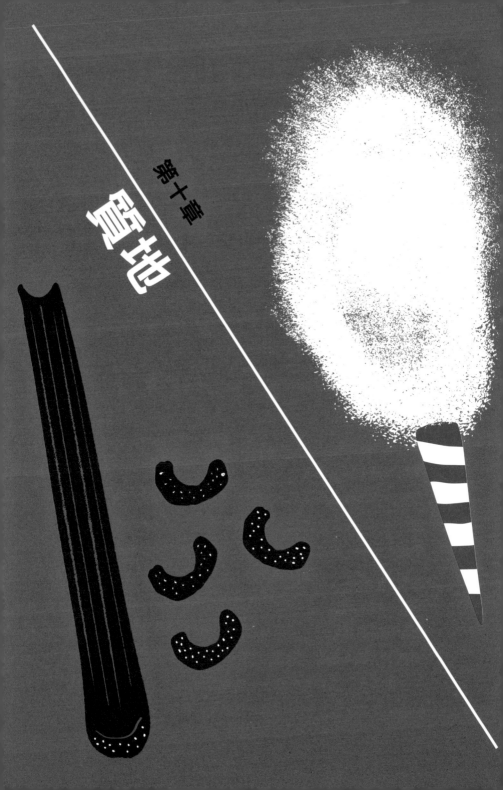

第十章

贌地

我要給一個假設性的情況。先當作這本書前面的章節你都讀過了，一路讀到了這一章。我談到的東西你都已經了解，還做了幾個實驗，也思考過要怎樣才能讓料理變好吃。你抓到要領了。然後你請朋友到家裡作客，煮了一頓含四道菜的大餐，全心投入於鹹、酸、甜、苦、油、鮮、香和辣的拿捏。所有東西都達到了完美平衡。你端上完整的一頓大餐、四道菜——不過全都是糊狀。

試問：以後還有人要來你家吃飯嗎？請容我為你回答：沒有，除非他們是小寶寶或假牙沒做好。

我們渴望吃到食物的質地。更準確來說，我們渴望食物擁有多種不同的質地。身為雜食動物的我們，天生就想要像雜食動物一樣用牙齒輾磨、擠壓、撕扯食物。質地對於我們能否享受美食實在太重要了，可以說若是拋棄了這個原則，就等於毀了一頓晚餐。

想想看，當你在菜單上看到「酥脆」或「綿密」之類的詞彙時，會有什麼感覺。你會想像自己的牙齒壓碎一塊酥皮，或是卡滋卡滋地咬穿炸雞的脆皮。還有冰淇淋在口中融成美味的液體，讓你的舌頭包裹上一層涼涼的、討好味蕾的冰淇淋。寫菜單的人很懂這個道理，也會輕巧地引導（操控）顧客去選擇某種若非這些令人浮想聯翩的描述，你本來可能不會點的料理。沒有了洋芋片的酥和脆，和那從口中製造、再傳到耳膜的聲音，這些食物就沒剩多少樂趣可言了。當然，鹽很棒、油也令人開心，但我們多半也渴望那脆脆的感覺。

趣味小知識 人類不只喜歡咀嚼，咀嚼其實本身就對我們有好處。有研究發現，會咀嚼如蘋果之類硬質食物的老人家，比較不容易喪失心智能力。咀嚼能提高腦中的血液流量，降低失智的風險。「每天一顆蘋果」的重要性已經提升到全新層級了[32]。

質地的基礎班

我們要再次感謝三岔神經，賦予我們感測食物質地的能力。如果你家裡有隻會掉毛的狗，那你應該已經對這條神經相當熟悉了；這條神經非常敏感，當你在大嚼一把薯片時，還能停下來把手伸進嘴裡、拉出一縷幾乎看不見的短短狗毛，這都是多虧了三岔神經的作用。就連吃土、吃石頭、吃沙好像都無所謂的狗兒，也能感覺到不熟悉的質地。有一次，我就看著我那隻出了名什麼都吃的黑色拉不拉多（願布芭安息），把我為了消除那要命口臭而餵牠的小小一枝皺葉荷蘭芹，從嘴巴深處一路弄到前面再吐在地上。我認為，那不尋常的質地就是狗狗吐出來的原因，而那東西味道並不誘人，也讓牠不想再撿回去吃。大家都是美食家啊。

食物的質地，以及質地和感覺神經之間的互動，會影響我們對食物風味的認知。一團蓬鬆的棉花糖「感覺上」好像就沒有等量的砂糖那麼甜。當糖製作成棉花糖時，我們對糖的感知也有點被聚焦到那蓬鬆、魔幻的糖雲之中，而砂糖狀態的糖則會直

---

32. Duangjai Lexomboon, Mats Trulsson, Inger Wårdh, Marti G. Parker, "Chewing Ability and Tooth Loss: Association with Cognitive Impairment in an Elderly Population Study," *Journal of the American Geriatrics Society*, (2012): doi: 10.1111/j.1532-5415.2012.04154.x.

接「端坐」在我們的舌頭上，跟甜味受器得以徹底交互作用。所以那些因醫療理由服用辣椒素（或任何其他苦味藥草製劑）的人才會選擇膠囊裝的：膠囊殼就像保護牆，擋下感覺神經這個中間人。有些東西還是快點運送過感覺受器和神經比較好，這就是直飛航班跟要停三個城市痛苦的滯留轉機之間的差別。

食物的質地愈接近液態，感受就愈強烈。蟹肉濃湯讓你嘗到的螃蟹風味，可能勝過體積相當的一口螃蟹肉，因為濃湯會停留在味蕾上。至於醬料，濃稠的醬汁提供的感覺訊息就比稀薄的醬汁多，不過當然也是有例外。比較稀的醬汁通常很快就會掠過舌頭，你還沒搞清楚發生什麼事之前就沒了。有濃度的醬汁，如法式多蜜醬汁或白奶油醬，會包覆住舌頭、和味蕾相處個一小段時光。當然，濃醬汁流連不去、在口中多待的這些時間也是有缺點的：如果醬汁口味不平衡、調味太重或不足，都會令這些問題變得非常明顯。所以在法國料理中，醬汁主廚就算不是廚房裡最重要的廚師，至少也是前幾名，其中一個原因就在這裡了。黏稠度原則的一個例外：越南魚露酸甜醬汁「渃蘸」（食譜請見第172頁）非常稀，但因為它味道非常濃烈、

請不要為了讓更多味道轟炸你的味覺受器，而把所有食物都打成泥。我提供這項資訊，只是想讓你了解味覺和質地之間微妙的關係。這點子很糟，只要想像把一袋鹽醋口味洋芋片打成泥就好：你會覺得這東西比原本的洋芋片更鹹、更油、甚至更酸，即使並非如此……咦？等等，這想法講出來之後，發現好像還滿有益身心嘛！

風味平衡又很完美，這大膽的滋味敵得過醬汁離開嘴巴的速度。

稠稠、糊糊、滑溜、黏膩

讓你覺得噁心或不愉快的食物，最可能的原因就是質地讓你覺得反感，尤其如果你又來自那些除了綿密與酥脆之外，對其他各種口感都敬謝不敏的文化。想想大家常退避三舍的食物：秋葵、仙人掌、蘑菇、茄子、生魚、番茄的果肉和籽、蛋黃或沒熟的蛋白、豆腐、納豆、牡蠣。這裡面有許多都是軟軟、糊糊、黏黏、滑滑的東西，可能還帶有彈性。若非從小就學會欣賞這類質地的人，就不容易喜歡吃。

趣味小知識 我們吃東西時運用的可不是只有嘴巴而已——而且我這裡要說的並不是眼睛。如果你在吃某種如冰淇淋之類綿密柔滑的食物時，同時用砂紙磨擦你的手，你會覺得冰淇淋的質地沒那麼綿密（甚至可能還會覺得沙沙的）。反過來說，也可以藉由撫摸某種你所渴望的質地，來強化食物的質地。你可以一邊撫摸喀什米爾毛料或絲綢、一邊吃義式奶凍（panna cotta）看看，或甚至邊摸你家的貓咪邊吃冰淇淋。然後，如果有人剛好撞見你做這些事，解釋的時候可別講得像變態一樣。

質地具有文化上的特殊性。在日式和中式料理中，有許多食材存在於某些菜色中，純粹是因為質地的特殊性，而與這種食材可能帶來的風味無關。《魚翅與花椒：英國女孩的中國菜歷險記》（*Shark's Fin and Sichuan Pepper*，繁體中文版由貓頭鷹出版社出版）以及其他許多本好書的作者扶霞·鄧洛普（Fuchsia

Dunlop）以她著名的妙語打趣說質地是「西方人學習欣賞中國食物的最後一道防線」。大部分的非亞裔西方人喜歡綿密和硬脆的東西，而不喜歡像軟骨、有骨頭，或質地如果凍的食物。當碰上了滑溜、有彈性、黏黏或稠稠的食物時，除了出身自懂得欣賞這類食物的家庭的人，其他人大概全都不敢碰。因為我們通常只喜歡自己熟悉的東西。

中文有個專門形容質地的名詞——口感。口感是中菜中頗負盛名的部分，如果你曾經品嘗過海參、鵝腸、雞腳或豬耳朵，就能清楚了解這一點。這些食物的質地就是一切。享用這些食物，可以追溯到所謂「從頭吃到尾」傳統，通常也源於貧苦人家料理講求的「任何部位都不應該浪費」的概念。但其實富貴之家的餐桌也發揮了影響，因為整盤的鵝掌被視為珍饈，只有富貴人家才吃得起這樣的分量，能端整盤的鵝掌上桌。

在西方世界的料理中，其實沒有幾道菜或食材能說是同樣擁有特殊質地，卻不帶什麼風味的（不過美國南方傳統的黑人靈魂食物，如秋葵、小腸和豬腳，倒可以匹敵）。但若放眼全世界，這其實沒有那麼罕見：在日本有納豆，因為其黏滑、牽絲的質地而備受推崇，另外還有細嫩又有彈性的豆腐。至於菲律賓則有有鴨仔蛋——未孵化的受精鴨蛋，吃的時候咬到小小的骨頭會嘎吱作響，還要小心細細的羽毛。而在泰國，夜市裡有賣竹籤串起來的香酥炸蚱蜢、蟑螂和蠍子。

質地的對比

我覺得自己從很小就本能地知道質地的對比能讓無聊的食物變得有趣許多。小時候有很長一段時間，我天天都吃花生醬果醬三明治。但有一天，我在收我的《警網雙

雄》（*Starsky and Hutch*）餐盒的時候，沒有把那一小袋洋芋片放在旁邊，而是決定拆開三明治、把洋芋片放進去、重新夾好，就直接這樣吃。賓果！在一片柔軟之間有令人開心的酥脆對比口感，它變成了加倍有趣的三明治。即使長大成人，我有時候還是會這樣吃。（我說「有時候」，是因為有點個人包袱，但其實「常常這樣吃」才更誠實貼切。）

質地的「好」「壞」要視情況而定

帕瑪乳酪有種沙沙的口感，是因為胺基酸結晶（酪胺酸）的關係，那也是做得成功的乳酪在陳放過程中自然產生的。這些脆脆的晶體令人嚮往，但要是把同樣的質地移植到奶油醬汁中，就會讓人想問「哪招？現在是怎樣？」。至於瑞可達乳酪（Ricotta），它是一種新鮮乳酪，含有凝乳塊，因為乳清中加了酪乳（buttermilk）一類的酸性食材，而使凝乳分離出來；如果你本來就預期會有這樣的質地，那它吃起來就很棒。但想像一下，如果牛奶穀片出現了同樣的凝塊……噁心，你一定直接拒吃。質地須視情況來探討，包括要考慮你是在哪個年代上菜。我奶奶當然熱愛自己做的蘆筍凍——抖個不停的鮮豔果凍之類的東西，儘管我們也是傑樂果凍（Jell-O）的世代，但還是比她年輕了幾十歲，不懂得欣賞。小孩對沒接觸過的質地會有點害怕，但科學研究顯示，在小時候多接觸不一樣的質地，未來的接受能力會大增[33]。換句話說，當奶奶逼我嚥下猶太魚餅凍旁邊滲出來、有如《幽浮魔點》（*The Blob*，絕對是恐怖片無誤，它的情節就是有龐大、質地恐怖的怪物在作亂）電影中那團鬼東

西的邪惡肉凍時，她其實是在「幫」我。

趣味小知識 人類的味覺非常敏感，甚至連冰淇淋中僅40微米（也就是1/25公釐）大小的冰晶都吃得出來。用液態氮製作的冰淇淋結凍過程太快了，形成的冰晶難以察覺，所以讓這種冰淇淋的質地格外柔滑綿密。

單寧與質地

你把茶包拿來吸過嗎？怎麼好像哪裡怪怪的。那我重新再問一次：你有沒有吃過沒熟的日本澀柿（橡實形狀的那種），然後想說舌頭到底怎麼搞的為什麼澀澀的？我吃過，而且我能回報給你關於吃澀柿的第一手作戰報告。簡單來說，如果我走到你身邊抓住你的舌頭，然後用便宜的毛巾布拼命摩擦你的舌頭，你就能體會到吃上述水果的1/100澀感。這就是單寧的威力。我是不是嚇得你不敢吃柿子了？我個人是可以接受啦。至於你們其他人，請務必確認柿子已經熟軟了再吃，不然就是只吃富有甜柿（Fuyu persimmons），這種柿子各種熟度都可以吃，口感從脆硬到不軟不硬都有，不需要犧牲你的舌頭進獻給單寧大神。

單寧是植物的種子、果皮、梗和樹皮中的化合物（多酚類）。樹木含有大量單寧（這就是用橡木桶陳放葡萄酒的主因），另外像茶、葡萄、核桃的外膜、黑巧克力、肉桂（畢竟是

---

33. Helen Coulthard, Gillian Harris, Pauline Emmett, "Delayed Introduction of Lumpy Foods to Children During the Complementary Feeding Period Affects Child's Food Acceptance and Feeding at 7 Years of Age," *Maternal & Child Nutrition*, 5, no 1(2008): 75–85, doi: 10.1111/j.1740-8709.2008.00153.x.

一種樹皮嘛)、丁香,還有榅桲,也含有單寧。

橡木中的單寧可用來將動物皮鞣製成皮革。想想看,一種物質要有多猛才能把動物皮變成皮革。當你在喝內比歐露(Nebbiolo,一種出了名的高單寧葡萄酒)的時候,那簡直就是一場比賽,要趕在單寧把舌頭變成皮帶之前先享用你的晚餐。內比歐露(巴羅洛葡萄酒)是全世界最好的葡萄酒之一,但一定要謹慎搭配比較油膩、濃郁的食物,才能好好享用美食,又不會有被粗毛巾搓過的感覺。單寧或許很凶猛,但也能為食物和葡萄酒增添繁複感。單寧有酸的成分,最大的影響力就是澀澀或乾乾的感覺。不過,這樣的澀味也是葡萄酒可能受歡迎之處,因為能使葡萄不至於太甜膩,也能解濃郁食物的油膩。

我跟侍酒大師坦格閒聊過關於單寧的問題,他強調說葡萄酒裡的單寧會和油脂與蛋白質互相作用,把味蕾上的油脂帶起來,讓唾液沖走,並與蛋白質結合,創造出濃稠、飽滿的感覺。單寧讓酒擁有原本不可能出現的濃度與酒體,也因而利於酒的保存。不過就如其他所有東西,一點點的量就很厲害了。在綿密、富含蛋白質的沙拉中,只要一點點核桃(連同含單寧的外膜)就能刺激味覺,並帶來不同的層次與平衡。一整碗滿滿的核桃?我個人是不認識太多喜歡單吃核桃的人。

我和坦格閒聊接近尾聲時,他說:「我一定會是一隻很糟糕的海狸。」我的反應是,「啥?你說什麼?」他解釋說海狸整天都在啃木頭,一定對單寧免疫。相反的,他受不了單寧,每次吃棒棒糖或冰棒,吃到最裡面那根棍子的時候,他都很痛恨紙和木頭讓味蕾變得乾乾澀澀的感覺。這種人、這種味蕾,就是味覺有鑑別力的表現——你會希望讓他來幫你挑風味平衡而完美的葡萄酒。

克服質地障礙

是不是在吃到特定食物時，你的作嘔反射就會啟動？那你可能會想跳過後面這一段文字，因為那會引起你對質地的嚴重反感，而我的建議大概沒什麼幫助。但你若只是不喜歡蘑菇的質地、覺得牡蠣太滑溜，但其實也沒吃過幾次這些食物，請繼續往下讀。

首先，我們要來破解生蠔只能一口吞下、不可碰到牙齒的迷思。這正是製造食物厭惡感的處方啊──到底是什麼邪惡食物這麼恐怖，連嚼都不能嚼？用力咀嚼生蠔吧！生蠔非常美味，而且，與其只是讓生蠔軟趴趴地攤在舌頭上就直接吞下去，細細咀嚼才能品嘗到更多質地。討厭蘑菇的人可能只吃過烹調不當的蘑菇，所以不喜歡那種質地。我拍過該如何好好料理蘑菇的影片，其實是有方法能讓蘑菇展現層次豐富的質地，還不會變得濕答答、吱吱響、黏糊糊一團糟的，請至此觀賞：bit.ly/2qGiGXd。

不妨把這些質地具挑戰性的食材偷渡到其他食物裡，這樣就能慢慢習慣這些原本你不喜歡的質地。把質地大挑戰放進墨西哥捲餅、餃子、披薩餃或類似的包捲式菜色裡，這麼做極適合慢慢讓某人嘗試本來可能會引發驚恐的食材。裹麵包粉的酥炸牡蠣對許多死不碰生蠔的人來說毫無問題。我太太不喜歡蘑菇和茄子的質地，所以我把這兩樣食材偷放進她的食物裡已經十年了，我沒說，她也從來不曉得！一直到現在才破功，可惡。

你也可以試著在腦中建立起和這些挑戰性食物有關的新聯想。如果你喜歡蛤蜊但又受不了生蠔，就試試看在吃生蠔的時

候想像在嚼蛤蜊。熟蛤蜊和生蠔的口感其實相差無幾。蛤蜊比較有嚼勁一點，生蠔則比較濕、比較冷，但也不過如此。這樣的聯想真的有助於克服對質地的反感。

利用質地增加趣味

　　下次去高級餐廳吃晚餐的時候，記錄一下菜餚中交織的質地種類。餐廳很少會用馬鈴薯泥搭配燉牛肉，或用白飯搭配比目魚咖哩——同時卻沒有放一些口感呈對比的食材。燉牛肉上或許會撒著酥脆的紅蔥酥；咖哩上可能有蔥花、碎花生和辣椒。當你開始像主廚一樣思考的時候，這些「可省略」的盤飾可能就不再是那麼可有可無，而會搖身一變成為不可或缺的元素，創造出食客所渴望的口感對比。如果你曾經只能吃流質飲食，就會從經驗中知道，對食物質地的渴望有多麼的強烈。我敢打賭，小寶寶之所以哭得傷心欲絕，八成是他們想吃點牛排或來些洋芋片。

質地種類

酥脆	洋芋片、烤或炸的豬皮或魚皮
脆硬	香菜籽、蔬菜脆片、椒鹽脆餅
爆裂	魚子醬、芥末子、石榴果粒
耐嚼	牛肚、筋腱、蘑菇、軟質椒鹽捲餅、粉圓
滑溜	蘑菇、牡蠣、明膠、海帶
薄酥	派皮、比斯吉、可頌
有彈性	臘腸、魚板（kamaboko）
軟嫩	豆腐、小牛胸腺、因傑拉（衣索匹亞草餅）、美式煎餅

綿密柔滑	冰淇淋、堅果醬、奶昔、軟質乳酪
蓬鬆	雪花冰、棉花糖
澀	柿子、榲桲、有單寧的葡萄酒、茶
刺	花椒、胡椒、丁香、跳跳糖、碳酸飲料

實驗時間

　　我們來做一個理論性的實驗，幫助你開始用不同方式思考質地。我會提出一道料理，你要想出某種能改變這道料理質地的食材；或者，這種食材要能為料理增添不同口感，讓整體質地變得更有趣。等你想到該如何處理每個案例的時候，再讀我的註記，看我會怎麼做。

範例：南瓜濃湯

答： 以下是我可能會用來裝飾湯的幾種材料：

- 烤南瓜籽
- 脆麵包丁，或搭配整塊脆麵包上桌
- 義式杏仁餅和烤過的杏仁片，並淋上迷迭香鮮奶油
- 酥脆的義大利火腿或鄉村火腿丁
- 焦糖化的薄薑片混合少量炸鼠尾草
- 用不同手法處理湯，只將一半打成濃湯，另一半則保留南瓜塊——尤其是同一餐還有其他綿密口感的菜色時

第一道菜：奶油萵苣沙拉佐山羊乳酪及西洋梨

　　貝琪說： 我可能會用裹了楓糖的脆核桃或石榴果粒，或用甜葡萄乾麵包或椰棗麵包做的脆麵包丁來裝飾。

第二道菜：烤魚塔可餅（烤魚包在柔軟的墨西哥玉米餅皮中）

貝琪說：我可能會用豆薯、青芒果和香菜弄出清脆的涼拌菜絲，或是用切小丁的辣椒、新鮮番茄、香草和甜洋蔥拌成有口感的莎莎醬。也有可能改變做法，把魚裹上麵糊油炸，上面放涼拌菜絲或莎莎醬，再搭配綿密的酪梨醬形成對比。還有個不錯的想法是把烤魚的皮剝下來，把魚皮烤到酥脆後切丁、撒在魚上，增添脆度和變化（鮭魚用這招特別棒）。可以看我的影片來學這種技巧：bit.ly/2pZD5dt。

第三道菜：香煎蝦仁玉米粥

貝琪說：我們來看看別的大廚怎麼處理這道菜：肯塔基州路易斯維的布里斯托燒烤吧（Bristol Bar & Grille）的理查·多林（Richard Doering）在香煎蝦仁裡加入切碎的青蘋果，並用加了鄉村火腿丁的高粱波本酒多蜜醬汁來搭配上菜。有了這些變化之後，料理就從美味的蝦仁（不會太韌或太硬，除非煮太老）與綿密的玉米粥，變成「美味的蝦仁、綿密的玉米粥、細膩的法式多蜜醬汁、清脆的蘋果和有嚼勁的火腿」──多了好多不同質地，菜餚也更有趣了。

質地升級的培根萵苣酪梨番茄三明治

1個三明治

培根萵苣番茄（BLT）三明治堪稱組合最完美的三明治之一，許多我們討論過的味道與風味要素全都到齊了。在培根萵苣番茄三明治裡加進酪梨（avocado），多了那起首字母A，會把BLT變成唸起來不太好聽的BLAT三明治，但卻是造就既綿密又出色的質地的神來一筆。

警告：關於要怎麼正確做出BLAT三明治（見後頁）我有很多規矩，因為這對能否做出成功的三明治至關重要。不要急著開始疊三明治，先看懂這些步驟。看兩次，甚至可以全部背下來最好。

- 2片老麵麵包或其他白麵包（厚度不超過1.3公分）
- 2大匙好食牌（Best Foods）或他牌優質美乃滋（不要用奇妙醬〔Miracle Whip〕！）
- 2片非常冰的新鮮結球萵苣葉片
- 1/2顆熟度剛剛好的酪梨，切成薄片
- 2片品質最佳、熟度剛好、美味到不行的番茄
- 2片品質最佳、厚約0.6公分的培根，須煎或烤得恰到好處

1 烤麵包，但只要烤其中一面（我喜歡烤過的那面朝內——真是一箭雙鵰，用牙齒咬進柔軟的地方，藏在裡面則是焦糖化得脆硬的內裡）。把其中一面用烤爐或煎鍋烤成均勻的褐色且質地酥脆。（我會加少許橄欖油在鍋子裡，再用小鑄鐵鍋壓住麵包，讓麵包均勻接觸平底鍋鍋面。）

2 在兩片麵包烤過的那面都均勻抹上美乃滋，務必一路到邊緣都塗好塗滿。美乃滋裡所含油脂的功能就像防水雨衣，讓烤

麵包片不會變得濕軟。

3　把其中一片麵包的烤面朝上放在盤子裡。放上一片結球萵苣葉片，然後依序放酪梨、番茄、培根、另一片萵苣葉，最後再蓋上麵包，烤過那面朝下。欣賞一下這漂亮的傑作。大口吃吧，不要分給別人——善哉！善哉！

最成功的 BLAT 三明治

我敢說你大概覺得BLAT是很好做的三明治吧？嗯，如果你真心想做出口感不得了的三明治，就要把以下嚴格講究每一件要點的忠告給放在心上：

麵包：要用薄、但是又不能太薄的麵包，這樣才會有很棒的麵包與內餡比例。麵包不可烤焦，因為碳化的麵包屑蓋住舌頭時，會讓質地（更別說風味了）變得很奇怪。不要用嬉皮麵包（hippie bread），因為我們不希望這個三明治裡出現太多不同的質地，那樣會破壞平衡。順便提供給你參考：根據「大柏克萊嬉皮麵包研究所」（Hippie Bread Institute of Greater Berkeley）的定義，只要有加葵瓜子的麵包都算嬉皮麵包。

美乃滋：用美乃滋是為了它那濃郁柔滑的質地，也因為美乃滋會讓東西變好吃——除非你本來就討厭美乃滋，那你可能根本就不會好好讀這道食譜。請隨意做你自己喜歡的版本，不過老實說，好食牌美乃滋（Best Foods）真的很okay了。

酪梨：用酪梨是取其綿密的質地，但務必要切得夠薄，才可以一片片完美交疊。切太厚的酪梨會在咬下去的時候滑開，溜到三明治外面。

番茄：番茄的質地對三明治貢獻良多，但最重要的是，番

茄是水分的來源。番茄中間的膠凍狀部分能把其他食材包裹起來，讓烤麵包吃起來清新爽脆、又不會乾巴巴。

　　結球萵苣：請別耍派頭把結球萵苣換成花俏的奶油萵苣，或其他綠色生菜。萵苣在這裡就是要提供那冰冰涼涼的清爽脆感，並好好固定住三明治的內餡。（我發現把萵苣貼著最上層和最底下的麵包來放，幫助頗大。）

　　培根：聽好了，培根就是要有嚼勁和硬脆口感才行，所以請勿在這個三明治（其實所有三明治都不行！）裡放那種軟趴趴、煎烤得很糟糕的培根。正確煎、烤好培根（可參考這段影片：bit.ly/2qGrDA2），稍微放涼之後再拼起這個三明治。熱培根會讓萵苣軟掉，也會讓番茄變熱（放熱培根就是不行！）。

番茄沙拉佐芥子魚子醬和番茄黃瓜冰

愛做多少就做多少

我會在西雅圖的夏末做這道沙拉，繽紛多彩的原種番茄在那個時候正是當季作物，熟度剛好、產量也多（大概頂多就那珍貴的兩、三個星期）。我特別喜歡番茄和爆開的醃芥子、綿密冰涼的番茄黃瓜冰——幾種東西互相形成的口感對比。

- 各種原種番茄和櫻桃小番茄，切成片、塊或對切都可以
- 馬爾頓海鹽
- 芥子魚子醬（見第167頁）

- 一小把連梗的新鮮香草，如羅勒、蒔蘿或檸檬香蜂草
- 平時愛用的特級初榨橄欖油
- 番茄黃瓜冰（食譜請見對頁）

1　上桌前，在每塊番茄上撒一點點海鹽（不用太多，因為芥子有點鹹）。在蕃茄上到處擺放小團小團的芥末魚子醬，然後大手筆淋上橄欖油。舀一匙冰放在盤子中間，上菜。

番茄黃瓜冰 約2杯

- 1顆大的紅番茄，切碎
- 1根小的大黃瓜，去皮切碎
- 1又1/2大匙調味米醋
- 1小匙糖
- 1/4小匙細海鹽

1 把番茄、大黃瓜、醋、糖和鹽一起放進果汁機。攪打均勻之後用細的濾網篩過，用橡皮刮刀把固體部分壓一壓，留在網子上的都拋棄不要。把濾過的混合物冷藏過後放進冰淇淋機。按照機器使用說明操作。把冰用密封容器裝好，放進冷凍庫至少冰凍兩小時。如果沒有冰淇淋機，可以把濾好的混合汁液放進玻璃盤、放進冷凍庫，每隔20分鐘攪拌一次，直到質地變得像義式霜酪那樣。

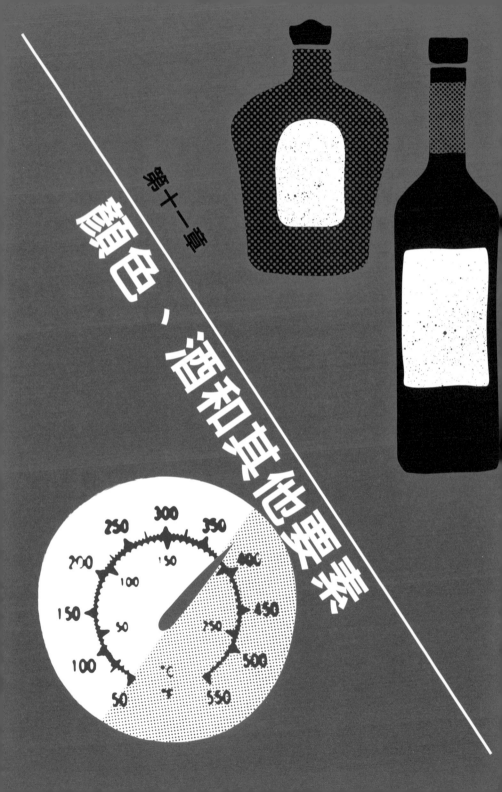

第十一章

顏色、酒和其他要素

想一下你所吃過最棒的一餐，就算不是最棒的也無妨。想想你上一次吃到的某頓堪稱美味的美食。我可以大膽猜測，那一餐的菜餚並非全都是同一種顏色，酒精也沒有在料理中缺席，或者也應該要有佐餐酒（除非你不喝酒）。沒有明明該是熱的、卻冷冷上桌的食物。吃飯的地方不是非常吵的工地。你也不是跟你不怎麼喜歡的人一起用餐。鹹、酸、甜、油、苦、鮮、香、辣和質地，都是讓你喜歡盤中食物的關鍵，但還有其他許多要素——有些跟食物或飲料一點直接關係都沒有——同樣影響著你對美食的享受。而影響程度之大——若我在這裡不談，那就等於失職了。

顏色

　　有一個很著名的實驗，檢視顏色如何影響我們的感知。科學家將白酒染成紅色，然後分給54位研究釀酒的學生品嘗。所有學生都把白酒的香氣誤認成紅酒香。無可否認，這本來就是個狡猾的陷阱，但話說回來，照理這群人中應該至少會有幾個說出：「咦，這跟我以前聞過的紅酒一點都不像，反而比較像白酒的氣味耶。」[34]在另一項研究中，受試者被安排在裝了特殊燈光的房間裡，面前端上了看似正常的牛排、薯條和豌豆。當燈光恢復正常時，受試者發現自己剛剛吃的牛排是（染成）藍色的；薯條是（染成）綠色的；而青豆是（染成）紅色的。大部

34. Gil Morrot, Frederic Brochet, Denis Dubourdieu, "The Color of Odors," *Brain and Language*, 79, no 2 (2001): 309-320, doi: 10.1006/brln.2001.2493.

分的人都完全沒了胃口，還有人覺得反胃，即使那種染料是無害的[35]。

　　做出令人垂涎的菜，是世上所有主廚追尋的目標。假若其他一切都已達到完美，你是否能打破食物呈現必須要色彩繽紛的原則呢？答案是可以。摘過米其林星星的馬西默‧博圖拉（Massimo Bottura）是位於義大利莫德納的法蘭西絲卡納小酒館（Osteria Francescana）的主廚，他有一道名菜，菜餚中的亮點是五種陳年帕馬乳酪。每個年分的乳酪各自以不同形式與質地呈現，這盤料理中有泡沫、薄脆餅乾、氣泡、舒芙蕾和醬汁。是什麼顏色？各種色調的白、灰白和金黃。手藝沒那麼好的主廚端上雞胸肉和馬鈴薯泥搭配白醬？沒什麼吸引力。（儘管如此，比斯吉和肉汁是我們身邊看來最不吸引人、吃起來卻還不錯的食物之一。）很少人有本事做出顏色單一，卻依舊魅力四射的料理。博圖拉辦到了。這道菜的質地、風味和概念都經過深思熟慮，讓人能徹底忽略了這簡直貧血般的色調──甚至更厲害到讓你看出每個年分的帕馬乳酪在顏色上的細微差異。那麼你是否應該嘗試創作一頓食物全是橘色的晚餐？請問你大名是馬西默‧博圖拉嗎？不是？那最好還是別了吧。

酒

　　酒精具有揮發性（很容易就蒸發掉），當酒精在你鼻腔內揮發時，來自食物的風味化合物就會順道搭個便車。簡單來說，酒會讓食物聞起來更香。若要比較檸檬水跟義大利檸檬甜酒（limoncello）的氣味，看何者檸檬香氣比較強且濃郁，答案

---

35. Eds. H. L. Meiselman and H. J. H. MacFie, *Food Choice Acceptance and Consumption*, London, Blackie Academic and Professional, 1996.

很明顯了。如果你想提升浸漬櫻桃的香氣，只要倒一點點櫻桃白蘭地就好了──但不能太多，不然酒精本身的味道會喧賓奪主。同樣的，在檸檬塔裡加少許義大利檸檬甜酒，就是段數更高且令人陶醉的做法。

　　酒精的功能有如油脂和水的中間人，它能與兩者結合，故能改善風味。油脂和水不相容，而料理中若加了酒，令分子之間形成特殊的三角關係之後，食物（幾乎都是水）裡的芳香化合物（通常是脂溶性的）便能更輕鬆穿越、進入應許之地，也就是你的嗅覺細胞──風味感測的中央指揮中心[36]。

　　以酒入菜絕對會讓菜餚的風味大大升級，但也只有在這麼做的調味邏輯可成立的前提下如此（專業祕訣：加酒進酪梨醬裡就不可行）。所以倒少許酒到鍋子裡、或在醬汁中加點酒，能大幅提升風味係數。也務必要知道「酒精在烹調和加熱過程中會全部不見」其實是一種迷思。在燃燒酒精的焰燒菜色（現在還有人在做焰燒料理嗎？）中，有75%的酒精會留下來，煮了兩個半小時的燉菜裡，也還有5%的酒精殘留[37]。

　　最重要的大概就是酒精能造就令人難忘的一餐的魔力：它那社交潤滑劑的作用可讓大家進入放鬆狀態，因此食物、同伴、一切的一切就顯得有趣許多了。事實上，當你醺醺然的時候，就算是做壞的料理也會變得好吃不少。

　　酒精毀掉一頓晚餐的兩種可能情況：要不是完全沒有酒，就是餐桌上有過量的酒。如果你不喝酒，可能會很容易注意到食物不夠完美（或覺得晚餐的同桌客人不夠完美）。但如果你喜

36.　David Joachim, Andrew Schloss, "Alcohol's Role in Cooking," *Fine Cooking*, no 104 (2010): 28–29, www.finecooking.com/item/13810/alcohols-role-in-cooking.
37.　"USDA Table of Nutrient Retention Factors," U.S. Department of Agriculture, December 2007, www.ars.usda.gov/ARSUserFiles/80400525/Data/retn/retn06.pdf.

歡大麻，那就另當別論了——若是如此，你一定愛～死～了這一頓飯，而且它還會是你這～輩～子吃過最棒的食物。

我太太艾波是受正規訓練的侍酒師，所以當我需要好酒來搭配私廚的晚餐料理時，我就有祕密武器了。多年來她教了我很多關於佐餐酒（其中包括蘋果酒和啤酒）的學問。食物的質地和酒體要互相搭配。濃郁、重口的肉類料理，需要有「排場」（酒精度高）、風味大膽的紅酒，才能解油膩，會辣的食物則不適用——不要把香辣的菜餚搭配高酒精度和高單寧的紅酒。酒精和單寧只會進一步刺激已備受刺激的味覺，讓辣椒感覺上更辣。一般來說（雖然有某些例外），不要用高酸度的葡萄酒搭配辣的食物，因為酸會加劇辣度。不信可以試試用哈拉貝紐辣椒搭配高酸度的白蘇維濃（sauvignon blanc），你的嘴巴絕對會跟著火一樣。然而，高酸度、有殘糖但不甜的麗絲玲白酒，卻能搭配香辣的菜色，因為糖可以平衡辣椒。用前面提過的哈拉貝紐辣椒搭配不甜的麗絲玲白酒，你就能嘗到白酒和辣椒兩者深邃的風味。清爽的啤酒配香辣的食物是絕對不會出錯的。

忘掉「紅酒要配紅肉、白酒要搭海鮮」這種說法吧——根本是在《外科醫生》電視劇（M*A*S*H，譯註：美國福斯電視公司製播的戰地醫事喜劇，1972-1983）還在播的時候，才有人會這樣說。如果你沒聽過《外科醫生》，那你可能也不知道美國在酒和食物搭配上也曾有過隔離政策。仔細觀察菜餚的質地和重量。鮭魚佐野菇搭配黑皮諾（pinot noir）會很不錯。豬里肌佐蘋果和茴香，搭配酒體飽滿的白酒，如加州的夏多內或維歐尼耶（Viognier）是一絕。用雞尾酒搭配食物不是不行，但因為大部分雞尾酒都是高酒精度的混合飲料，有不同程度的苦味和甜味，選擇佐餐飲料時就需要更高明的技巧才能搭配得當。

溫度

今天工作好累，你伸手拿啤酒，結果是溫的。失望嗎？如果你人身處19世紀的小酒館就不會。溫（甚至熱）的艾爾啤酒（ale）能掩蓋糟糕的釀造品質，對那些從戶外的冷天氣躲進小酒館的人來說，溫或熱的優質艾爾啤酒，甚至堪稱能撫慰人心的飲料。苦味在涼一點的溫度下會比較明顯，所以溫的艾爾啤酒喝起來比較不苦。很難想像這個時代還會有人選溫啤酒來喝，但時下有那麼多「苦味加強」的啤酒正流行，所以這點子或許本身就不是太糟。你可以點杯滴濾式咖啡（星巴克就挺適合，因為他們家的豆子烘得很深、苦味明顯），放涼之後再點一杯熱的。比較這兩杯咖啡的味道——你可能會注意到微溫那杯的苦味比較明顯。

食物的溫度較高時，甜味會顯得更甜[38]。這件事情我是在四歲時學到的，當時我吃了一口融化的冰淇淋，結果發現味道比冷凍狀態的甜太多了。從那以後，我總會把裝在奶奶的荷葉邊白瓷碗裡的冰淇淋攪來攪去，喀—零—喀—拉—喀—零，直到它變得像霜淇淋為止，吵得全家人煩都煩死了。這正是冰淇淋會做得過甜的原因：大部分的人吃冰淇淋都是吃冷凍的，也就是冰淇淋預計要給人食用當下的狀態。如果最初製作冰淇淋，其甜度是按照食用時為流質狀態而設計，那一旦冷凍後，甜味會幾乎讓人感覺不到。

你可以打著科學研究的大旗正大光明吃一堆冰淇淋，藉此探討溫度和甜度的關係。買個半公升的冰淇淋，挖一杓出

38. Amalia Mirta Calvino, "Perception of Sweetness: The Effects of Concentration and Temperature," *Physiology & Behavior*, 36, no 6 (1986): 1021-1028, doi: 10.1016/0031-9384(86)90474-9.

來，在室溫下放到冰淇淋完全融化。先嘗嘗看融掉的，用1到10的分級來記錄甜度，1是甜到噁心，10是幾乎不甜。用水漱漱口。再挖另一杓出來，放軟後持續攪拌到呈霜淇淋質地。嘗嘗這一種，再次記錄甜度。用水漱漱口。最後，不計形象地直接從冷凍庫裡挖一大匙冰淇淋，站在冰箱旁邊吃下去。記錄甜度。除非你承認自己有半途而廢傾向，不然就別客氣把這整桶都解決了吧。

這個故事告訴我們：你打算用什麼溫度上菜，就要在同樣的溫度下調味。如果改變了上菜的溫度，就要根據新的溫度重新試味、調味，或重新平衡各種味覺元素。

聲音

我敢打賭你沒想過自己會用耳朵吃飯——嚇到了吧！真的是這樣，而且還是有科學根據的呢。有項研究顯示，當受試者從頭戴式耳機中聽到酥脆的聲音時，會把品客洋芋片評為「比較新鮮」[39]。而在另一項研究中，參與者在背景噪音很大的狀況下吃東西時，會覺得鹹味和甜味都沒那麼重；相反的，如果他們吃東西時環境比較安靜或沒有背景噪音，就會覺得食物的味道比較濃[40]。總之簡單來說，就是你在吃酥脆東西的時候，如果聽到酥脆的聲音，那是好事一樁。但如果在很吵的餐廳裡吃美食，卻會讓經驗變不好。聽起來這還挺像普通常識的，當然也跟我的個人經驗相符。像我就很歡迎我太太在我吃洋芋片的時

---

39. M. Zampini, C. Spence, "The Role of Auditory Cues in Modulating the Perceived Crispness and Staleness of Potato Chips," *Journal of Sensory Studies,* 19, (2004): 347–363, doi: 10.1111/j.1745-.

40. A. T. Woods, E. Poliakoff, D. M. Lloyd, J. Kuenzel, R. Hodson, H. Gonda, J. Batchelor, G. B. Dijksterhuis, A. Thomas, "Effect of Background Noise on Food Perception," *Food Quality and Preference,* 22, no 1 (2011): 42-47, doi: 10.1016 /j.foodqual.2010.07.003.

候也大嚼洋芋片（但當我沒在吃的時候就不是這樣了）。我都告訴學生：要想專心品嚐食物，那就閉上眼睛並保持安靜。這樣一來風味會更鮮活明顯，跟旁邊有嘈雜的音樂或有人交談時，情況完全不一樣。

為食物配上得宜、符合情境的聲響，也能增進用餐體驗。我吃生蠔的最佳經驗之一，是站在圖騰小灣（Totten Inlet，譯註：美國維吉尼亞牡蠣的主要產地之一）及膝的海水中吃維吉尼亞牡蠣，頭上有海鷗啼鳴，海浪同時在輕輕拍打著海岸。沉浸於食材的自然棲地中吃這種東西？那是無價的美妙體驗，而且還特別美味。

牛津大學實驗心理學系的跨感官實驗室（Crossmodal Research Laboratory）主任查爾斯・史賓斯（Charles Spence）也會同意以上說法的。他跟主廚布魯門索合作，將聲音融入食客的用餐體驗中。名為「海之聲」的這道菜，是史賓斯和布魯門索兩人共同的創作，擺放在可以吃的「沙」上，搭配著海洋泡沫，還用藏在海螺殼裡的iPod將海浪聲和海鷗叫聲送到食客頭戴的耳機裡。他們也另外讓其他的對照組用餐客人聽餐具碰撞的叮噹聲，而非海洋的聲音，不怎麼意外地，聽著海洋的聲音用餐的人對這道菜的評價高出非常多。

用餐夥伴

快問快答，不要想太多。你人在餐廳裡，哪件事情比較重要：食物的水準，還是服務品質？

我愛美食，我的生活也以美食為中心，但我會率先承認：對我來說，服務品質和一起用餐的夥伴比食物品質還要重要。

金玉良言

麥可‧波倫（Michael Pollan）有一條關於食物的理想原則：「吃食物。不用多。以植物為主。」

我的看法如下：以天然食物為主。不要聽信那些說某些食物不好的飲食法。食物沒有壞的，壞的是人——記住這一點。或許根本別輕信任何飲食法，就這麼簡單。吃東西時就好好享受食物，跟好人、正面的人一起吃。除非醫生曾特別交待你注意飲食，不然想吃什麼就吃什麼，就算吃了些糖果或漢堡或炸物，也沒關係。喝葡萄酒，也可以喝雞尾酒。除非你飲酒過量，那可能就應該戒一戒。練習節制，這樣才能時不時吃點脂肪和糖，也喝點小酒。人生苦短，吃東西要以天然食物為主。

如果一起吃飯的夥伴未受到好好招呼，或者同餐桌用餐的人惡劣對待彼此，我就無法好好享用餐點（無論有多好吃）。不好的夥伴和糟糕的服務都可能在任何人口中留下不愉快的回憶。我會給一家餐廳三次把菜做好的機會，但如果他們的服務很糟糕，我就再也不會光顧。至於我會給自己朋友和家人多少次機會，這我就不告訴你了。

所以對這本書也請抱持以下的保留態度：如果希望好好享用食物，也希望客人能好好享用，請用你最大的熱情與喜悅來分享。就算端出的成品不如你期望的好，也不要道歉，因為這會影響大家享用食物的心情。不道歉很難，我自己也道過很多次歉，但你端上食物時的態度、房間裡的氣氛、談話的品質——這一切都會影響到食物嘗起來的滋味。

現在再想一想，到目前為止你所享受過最棒的那幾餐。我可以保證，絕對不會是在服務品質很糟，或和家人吵架吵得正凶時所吃的飯。氣氛對享受美食實在太重要了。我敢打賭，「你這輩子享受過最棒的某幾餐」是發生在你剛墜入愛河之際、度假中，或是在外國的時候。真的有這種症狀存在 —— 我稱為「度假症頭」—— 你吃到的食物是你這輩子吃到最好吃的，很大的原因根本是你人在度假，既放鬆又活在當下。我並不是在否認當下的食物真的很棒，但我敢打賭，我能幫你做出一模一樣的餐點，在平日晚間端上你家餐桌，而你會說沒那麼好吃。這也是為什麼露營的時候，所有東西都會變得很好吃的其中一個原因；就算只是一把綜合果仁，在森林裡吃也可能比坐在辦公室裡吃更美味。

　　以上這些都是要告訴你：仔細留心我所提出的味道和風味的各個層面之餘，也別忽略了吃飯時身邊的同伴和環境。這些都很重要。

第十二章

完全美食評比

哲學中有一個原則叫「奧坎剃刀」（Occam's razor），基本上意思就是：比較簡單的解釋通常就是對的解釋。我們已經知道，做菜時最需要解決的問題通常都是鹽。我也教過你該如何檢查鹽量是否正確。如果你發現自己對某道菜不甚滿意，就用奧坎剃刀原則，最可能的解釋就是鹽不夠。如果你確定鹹度是對的，就接著檢查酸度，然後是甜、苦、油和鮮，看是不是都處於平衡狀態。然後才去檢查香、辣和質地。最後再檢查第十一章討論到的那些要素。

當你運用奧坎剃刀原則、有系統地先解決最可能出現的問題，那麼很快就會懂得如何更迅速調整出理想的菜餚滋味。我之前也提過好幾次，不妨從世界各國經典食譜中，找出那些涵蓋了所有的味覺要素與風味關鍵的美味菜色，並從中學習。

就拿一些聽起來稀鬆平常，如第十章的 BLAT 三明治這種例子來說吧。你或許認為這種三明治的原始版本 BLT 三明治，堪稱美式料理中最偉大的三明治之一。我希望找出一個方式將各種因子加以量化，以探討為什麼某些菜色能命中全部的重點，因而在所在文化中幾乎人見人愛。姑且假設停車場裡有兩輛餐車，一輛在賣 BLAT 三明治，另一輛在賣爆漿乳酪鮪魚三明治。哪一輛會有長長的排隊人龍，哪一輛又只有寥寥幾位顧客？為什麼 BLAT 會有更多追隨者？這兩種三明治都有美乃滋。兩種都有鮮味（培根、鮪魚、乳酪）。兩種都有脂肪、鹽和酸味。差別在哪裡？

邀請各位認識「風味分析 2000」，這是我設計的評量系統，

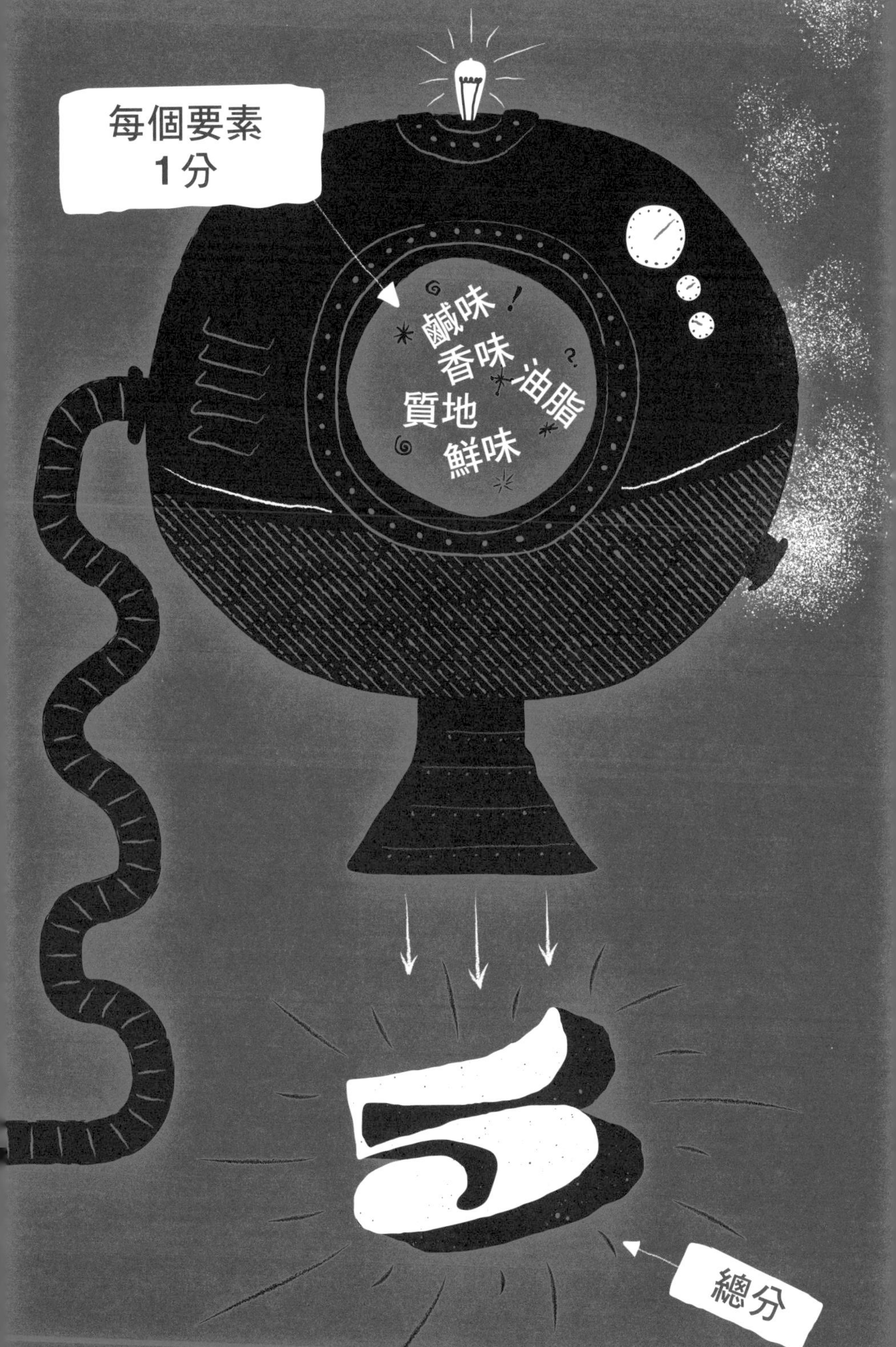
每個要素
1分
鹹味
香味
油脂
質地
鮮味
5
總分

專門用來分析不同料理，並根據之前討論過的所有要素，將食物中的優點量化。為什麼某些料理讓人一吃立刻叫好，其他的就不是這樣？我希望這套系統能協助分析箇中道理。總「分」愈高，運用到的味道與風味要素愈多，這道菜就愈令人驚豔。

如何使用「風味分析2000」

　　我的想法是：要用數字來表示特別美味的料理中的討喜因子，有「命中重點」的食材就能得分。只計算味道與風味的九大要素（鹹、酸、甜、苦、鮮、油、香、辣、質地），第十一章討論的各項目不算分。

　　以下是計分方式：如果某項食材以富含某種味道出名，比方說鮮味，那就可以得1分。爆漿乳酪鮪魚三明治中的鮪魚有鮮味（因為是以蛋白質為基礎的食物），所以鮪魚可以因鮮味得1分。美乃滋有糖、鹽、油脂（蛋黃和油）還有酸（檸檬），所以甜得1分、鹹得1分、油脂得1分（不必給這類醬料的油脂2分），還有酸也得1分。因此美乃滋有4分。BLAT三明治裡的萵苣是包心萵苣，取其爽脆的質地，所以質地讓它得1分。假設某道菜裡有苦味食材，作用是要平衡其他成分，如「曼哈頓」雞尾酒的苦精——就可以因為苦味而得1分。如果這道菜用了很多種香料，就給香味1分，而不是好幾分。就算你撒了一些鹽在番茄上、也撒了一些在酪梨上，鹹也只能得1分。如果某個食譜裡用了兩次油脂，也只能得1分。然而，該道料理的子食譜若是也用了油脂，就能得到自己的1分。如果某道菜在味道與風味的九個要素中達成七項或以上，可以額外再得1分。

　　在我的經驗中，得分超過10分的完整菜餚（如醬汁和搭配醬汁的食物，或是三明治跟組成三明治的所有成分）通常都十

分受歡迎。得分超過15分的食物會令人上癮——等級最高、所向披靡，就算沒有厲害到打破文化藩籬，在它所在文化中也必定廣受喜愛。我們不妨實際操作一下，比較BLAT三明治和爆漿乳酪鮪魚三明治，看看何者得分較高。

質地超讚的 BLAT 三明治

味道	得分	食材
鹹	2	培根、美乃滋
酸	2	美乃滋（檸檬）、番茄
甜	1	美乃滋（糖）
油脂	3	培根、酪梨、美乃滋
苦		
鮮	2	番茄、培根
香	1	培根（煙燻味）
辣		
質地	3	麵包、萵苣、培根
加分	1	
總分	15	

爆漿乳酪鮪魚三明治

味道	得分	食材
鹹	2	乳酪、美乃滋
酸	1	美乃滋（檸檬）
甜	1	美乃滋（糖）
油脂	2	乳酪、美乃滋
苦		
鮮	2	乳酪、鮪魚
香		
辣		

味道	得分	食材
質地	2	麵包、西洋芹
加分		
總分	10	

　　評分結果：BLAT三明治15分，對爆漿乳酪鮪魚三明治的10分。差別在哪裡？說實在的，就是培根。少了培根，BLAT三明治就成了LAT三明治，得分10分。

　　現在你知道「風味分析2000」怎麼運作了，我們就一步一步來測試這本書裡其他幾道食譜吧。來比一比我心目中最平衡，也最令人激賞的越南醬料之一：越南魚露酸甜醬汁，以及無所不在的美式醬料番茄醬。

越南魚露酸甜醬汁 渃蘸

味道	得分	食材
鹹	1	魚露
酸	1	萊姆
甜	2	糖、胡蘿蔔
油脂		
苦		
鮮	1	魚露
香		
辣	2	大蒜、泰國辣椒
質地		
加分		
總分	7	

番茄醬

味道	得分	食材
鹹	1	鹽
酸	2	番茄、醋
甜	1	黑糖
油脂	1	油
苦		
鮮味	1	番茄
香		
辣	1	洋蔥
質地		
加分		
總分	7	

　　兩種醬料得分都是7，這讓我的「越南魚露酸甜醬汁相當於越式料理中的『番茄醬』」這個理論更站得住腳了。

　　再來分析一種東西吧！我教學生，也為客人做我自己版本的義大利綠莎莎醬差不多有十年了，好像還沒遇過不愛這種醬的人。它會讓人上癮，也令人驚豔──而且還只是一種醬料而已，並非完整的菜色，得分就已經超過10分了。

義大利綠莎莎醬

味道	得分	食材
鹹	2	續隨子、鹽
酸	2	雪莉酒醋、續隨子
甜	1	葡萄乾
油脂	2	橄欖油、無鹽杏仁
苦		

味道	得分	食材
鮮	1	續隨子
香	2	荷蘭芹、無鹽杏仁
辣	1	紅椒片
質地		
加分	1	
總分	12	

　　本書中提到的所有要素，在這裡幾乎全都到齊了，因此我也知道，這就是我年復一年總是重複做這道菜，而且永遠吃不膩的原因。一道料理不需要非常複雜，滋味就能恰到好處（請見第189頁，質地升級的BLAT三明治食譜），但確實要慎選得以令菜餚保有完美風味平衡的食材，成品才會理想。

肉桂薑香燉羊肉佐羅望子醬與番紅花薑黃香料飯 6人份

這道燉羊肉要先以印度香料醃漬，再搭配香辣、爽口的羅望子醬汁和番紅花香料飯上桌。

燉羊肉部分：

- 2磅（約900公克）羊肩肉，切成2吋（約5公分）見方的肉塊
- 2小匙細海鹽
- 1大匙耐高溫的油，如椰子油
- 1大匙小茴香籽
- 1大匙香菜籽
- 1小匙薑黃粉
- 1/2小匙卡宴辣椒
- 1根肉桂棒，掰成小段
- 5個豆莢的綠豆蔻
- 2顆洋蔥，切成小丁
- 1/4杯薑絲
- 1/2杯不甜的白酒或不甜的香艾酒
- 2杯原味或低鹽牛肉高湯
- 1罐（約800公克）烤番茄丁
- 1顆酸的蘋果，切成小丁
- 1/4杯葡萄乾
- 1顆檸檬皮碎絲和檸檬汁
- 1片月桂葉

羅望子醬部分：

- 2大匙羅望子泥加2大匙水混合均勻，或直接用1/4杯濃縮羅望子汁
- 1把香菜（梗也可以使用）
- 1根賽拉諾辣椒（若希望比較不辣就去掉白膜和籽）
- 1小匙蜂蜜
- 1/2小匙細海鹽

- 搭配番紅花薑黃香料飯（食譜見後頁）上桌

1 下鍋之前兩到四小時要先以鹽抹在羊肉塊上調味，並冷藏到準備開始料理前。

2 烤箱預熱至華氏300度（約攝氏150度）。

3 在可放進烤箱烤的燉鍋中，以中火加熱椰子油。放入羊肉塊，煎至各面都呈棕色，將油脂留在鍋內，並把肉取出備用。

4 同時，把小茴香籽、香菜籽、薑黃、卡宴辣椒、肉桂和綠豆蔻用香料研磨器打成細粉。把香料粉倒入鍋中的油脂裡，炒到香料滋滋作響且飄出香氣，約需30秒。加入洋蔥和薑，小火炒五到七分鐘，或炒到洋蔥變透明。用白酒洗鍋收汁。

5 把羊肉放回鍋裡，加入牛肉高湯、番茄、蘋果、葡萄乾、檸檬皮碎絲（先不要加檸檬汁）和月桂葉。整鍋放進烤箱、不蓋蓋子，烤兩、三個小時，或烤到能把肉輕鬆剝離的程度為止。以檸檬汁和鹽適當調味。

6 趁烤羊肉的時候製作羅望子醬。把羅望子泥和水（或羅望子濃縮汁）、香菜、賽拉諾辣椒、蜂蜜和鹽用果汁機打出滑順的泥狀。此醬汁放在冰箱裡可冷藏一個星期。

7 上桌後把羅望子醬汁淋在羊肉上，並搭配番紅花香料飯。

番紅花薑黃香料飯 6人份

- 2杯印度香米
- 1/8小匙番紅花
- 1大匙熱水
- 5顆完整丁香
- 5個豆莢的綠豆蔻
- 1截肉桂棒（約5公分），掰成小段
- 1/2小匙細海鹽
- 2大匙椰子油
- 1/4杯紅蔥頭末
- 1大匙現磨新鮮薑黃，或1小匙薑黃粉
- 3杯原味蔬菜高湯或低鹽蔬菜高湯
- 1/4杯無籽小葡萄乾或葡萄乾
- 1小匙蜂蜜
- 1/4杯開心果，烘烤後切碎

1 烤箱預熱至華氏350度（約攝氏177度）。

2 用冷水沖洗香米。濾乾。將番紅花用熱水浸泡，把丁香、綠豆蔻、肉桂棒和鹽一起用香料研磨器打成細粉。

3 在可以放進烤箱烤、有鍋蓋的平底炒鍋中以中大火加熱椰子油，加入紅蔥頭和薑黃，小火拌炒幾分鐘。加入混合香料

粉，炒一分鐘。加入香米拌炒，炒到米粒變乾且略呈黃色，約需五分鐘。把泡軟的番紅花和水、蔬菜高湯、葡萄乾和蜂蜜一起加入鍋中，攪拌均勻，煮至沸騰。緊緊蓋好鍋蓋，整個放進烤箱，烤20分鐘。

4 把炒鍋從烤箱中拿出來，但先不打開鍋蓋，要燜大約十分鐘。把飯拌鬆，撒上烤過的開心果後上桌。

肉桂薑香燉羊肉佐羅旺子醬與番紅花薑黃香料飯

燉羊肉

味道	得分	食材
鹹	1	鹽
酸	4	酒、檸檬、番茄、酸蘋果
甜	2	葡萄乾、酸蘋果
油脂	2	椰子油、羊肉
苦		
鮮	1	羊肉
香	1	小茴香、香菜、薑黃、肉桂、綠豆蔻、月桂
辣	3	卡宴辣椒、洋蔥、薑
質地		
加分		

醬汁

味道	得分	食材
鹹	1	鹽
酸	1	羅望子
甜	1	蜂蜜
油脂		
苦		
鮮		
香	1	香菜
辣	1	賽拉諾辣椒
質地		
加分		

香料飯

味道	得分	食材
鹹	1	鹽
酸		
甜	2	蜂蜜、葡萄乾
油脂	1	椰子油
苦		
鮮		
香	1	番紅花、丁香、綠豆蔻、肉桂、薑黃
辣	1	紅蔥頭
質地	1	開心果
加分		
總分	26 + 1（燉羊肉7項達標，額外得1分）= 27	

謝誌

感謝PCC自然市場和鄰家食櫥的所有學生給我靈感寫下這本書。

以下順序為隨機分布，無先後之分：感謝Linda Hierholzer, Michele Redmond，還有阿圖西與史賓那希餐廳（Artusi and Spinasse）主廚 Stuart Lane 及所有優秀的員工，讓我總是酒「醉」飯飽；Jerry Traunfeld, Barb Stuckey, Matthew Amster-Burton, Raghavan Iyer, Brad Thomas Parsons, Brandi Henderson, Shirley Corriher, Ashlyn Forshner, Janet Beeby, Greg Atkinson, Karen Jurgensen, Annette Hottenstein, Heather Weiner, Kimberly King Schaub, Anne Livingston, Jill Lightner, Emily Wines, Chris Tanghe, Alicia Guy, Tamara Kaplan, Jacqueline Church, Jami Kimble, Danielle Fague, Claudia Diller, Marc "Poodle" Schermerhorn, The Grialou-Prichards, Kabian 及Liz Rendel, CJ Tomlinson, Shannon Kelley, Shannon Romano, Gunilla Eriksson, Robyn Howisey, Colleen Morris, Libby Grant, Irvin Lin, Karyn Schwartz, Christy Wendt Keating, Ian Ireland, Julie Whitehorn, Kim Brauer, Caroline Ferguson, Trevis Gleason, Nadia, Flusche, Andrea Robinson Frabotta, Nancy Leson, Sara Powell Dow Chrisman, Julie Kodama, Jennifer Brault, Melissa Aaron, Debbie Royer, Matthew Johnson, Kirsten Dixon, Sonia Carlson, Mary Pierce, Chris Duvall, Rachel Belle Krampfner, Jameson Fink, Bud Wurtz, Chuck Tessaro, Dave Wei, Deborah Binder, Donna Bell, Erica Finsness, Erik and Mary Josberger, Kathleen Dickenson, Maureen Batali, Nan McKay,

Roberta Nelson, Suzannah Kirk-Daligcon, Tamara Barr, and Shirley, Sharon, 和「松鼠排」咖啡美髮屋的Javier總是讓我咖啡因灌好灌滿，非常亢奮，而且還願意當我的白老鼠。感謝我的編輯Susan Roxborough和出版商Gary Luke同意出版本書，這是我所有作品裡最難寫、成書後也令人最有成就感的一本。謝謝Tony Ong, Anna Goldstein, Em Gale以及Sasquatch Books的所有員工。還要謝謝文稿編輯Rachelle Longé McGhee。謝謝我的經紀人Sharon Bowers給我的所有支持。最後要謝謝Jeremy Selengut 和 Jesse Selengut 所給我的有用建議，老爸和Brenda邀我回家寫作，還有艾波熱情地當啦啦隊，給我堅定的支持。

附錄

拯救食譜祕笈

太鹹？	稀釋或加量。把整道菜分成兩份，另外做一份全新未加鹽的加進去。增加甜度能讓人忘了味道太鹹。增加酸度以降低對鹹味的感知。加入油脂包覆舌頭。
太酸？	增加甜度平衡酸味。加入油脂包覆舌頭。稀釋或加量。
太甜？	用酸平衡甜。加一些會辣的東西可以分散注意力，辣椒特別好用。稀釋或加量，加入油脂包覆舌頭。
太油？	可能的話設法撇去油脂。加酸以解膩。搭配澱粉類，吸收多餘的油脂。
太苦？	加鹽降低對苦的感受度。運用焦糖化或加甜來平衡。如果可行，不妨沖洗食材（如青蔬一類的食材）。稀釋或加量。加入油脂包覆舌頭。改成熱騰騰狀態上菜，以降低對苦味的感受度。
太香？	加入油脂包覆舌頭，讓感覺變遲鈍。多加些奶油在鍋中的醬汁裡，或加點鮮奶油。稀釋或加量。加入不同的香草或香料以轉移注意力。
辣椒太多？嘴巴著火了嗎？	乳製品！乳製品！乳製品！還有油脂。加甜以轉移注意力。稀釋或加量。搭配很多很多白飯、麵包或其他澱粉類上菜。
洋蔥味或大蒜味太重？	繼續煮！加甜或酸以轉移注意力。稀釋或加量。

文獻出處

McGee, Harold. *On Food and Cooking*. New York, NY: Scribner, 2004.

McLagan, Jennifer. *Bitter: A Taste of the World's Most Dangerous Flavor, with Recipes*. Berkeley, CA: Ten Speed Press, 2014.

McQuaid, John. *Tasty: The Art and Science of What We Eat*. New York, NY: Scribner, 2015.

Moss, Michael. *Salt Sugar Fat: How the Food Giants Hooked Us*. New York, NY: Random House, 2013.

Mouritsen, Ole G., and Klavs Styrbæk. *Umami: Unlocking the Secrets of the Fifth Taste*. New York, NY: Columbia University Press, 2015.

Prescott, John. *Taste Matters: Why We Like the Foods We Do*. London, UK: Reaktion Books, 2012.

Rodgers, Judy. *The Zuni Cafe Cookbook*. New York, NY: W. W. Norton and Company, 2002.

Stuckey, Barb. *Taste What You're Missing: The Passionate Eater's Guide to Why Good Food Tastes Good*. New York, NY: Simon & Schuster, 2012.

參考資料

丙硫氧嘧啶（**PROP**）試紙線上販售通路
http://sensonics.com/taste-products/prop-strips-2.html

關於口味與風味的必讀書單
所有對頁文獻列表中的書籍
The Food Lab by J. Kenji López-Alt
Salt, Fat, Acid, Heat by Samin Nosrat
Flavor Bible by Andrew Dornenburg and Karen A. Page
The Flavor Thesaurus by Niki Segnit

關於食物科學的必讀書單
CookWise by Shirley O. Corriher
Modernist Cuisine by Nathan Myhrvold, Chris Young, and
    Maxime Bilet
The Baking Bible by Ruth Levy Beranbaum
The Science of Good Cooking by the editors of America's Test
    Kitchen and Guy Crosby
Cooking for Geeks by Jeff Potter
How to Read a French Fry by Russ Parsons

必訪網站
SeriousEats.com
CooksScience.com
LuckyPeach.com

必讀刊物
Cook's Illustrated

必看節目
The Mind of a Chef
Chef's Table

關於作者

　　在釣魷魚、捕魚，或在森林裡興高采烈採摘野生植物準備煮下一餐之外的時間，貝琪・瑟林加特會化身為私家主廚、美食作家、幽默大師和廚藝老師。她是PCC自然市場（PCC Natural Markets，前身為普吉特灣消費者合作社）和鄰家食櫥（The Pantry）的固定講師，同時也是另外三本食物專書的作者，分別是：《菇菇好料理》（*Shroom*，暫譯）、《好魚食譜》（*Good Fish*，暫譯）和《美食不獨大》（*Not One Shrine*，暫譯）。有空的時候，她是搞笑播客「詳見內文讀書會」（Look Inside This Book Club）的共同主持人，會在節目中選出驚世駭俗的羅曼史小說試閱本，並就試閱本發表書評。瑟林加特和太太艾波、兩隻狗狗依稀（Izzy）和皮平（Pippin）住在西雅圖的卡皮托丘（Capitol Hill）。她希望在不久的將來能複製自己，才有更多時間從事那些別人所謂「工作」的好玩事。